高橋書店

はじめに

みんなが大切にしているものは、なんですか？

おもちゃのミニカーやぬいぐるみ、ペットの犬、家ぞく……。きっと、いろいろな答えがかえってくると思います。じつは、これらはすべて、地球にあるものをもとにして、つくりだされています。

では、みんなの大切なものをつくってくれた地球について、どれくらい知っているでしょうか？

地面の下って、どうなっているのでしょうか？

海はどのくらい広いのでしょうか？

いつもくらしている場所のことなのに、よく知らないと気づく

かもしれません。この本では、こうした地球にまつわるさまざまなふしぎを、わかりやすく説明しています。

でも、人間が地球についてわかっていることは、ほんの一部です。だからいまも、たくさんの科学者が、自然のなぞをときあかそうと、毎日研究をしています。もしかすると明日には、これまで当たり前だったことがくつがえる、新しい発見が待っているかもしれません。

この本を読んで、みんなが地球にもっと興味をもってくれたら、そして、地球のなぞについて考えるなかまになってくれたら、これほどうれしいことはありません。

神奈川県立生命の星・地球
博物館名誉館長　理学博士

斎藤　靖二

もくじ

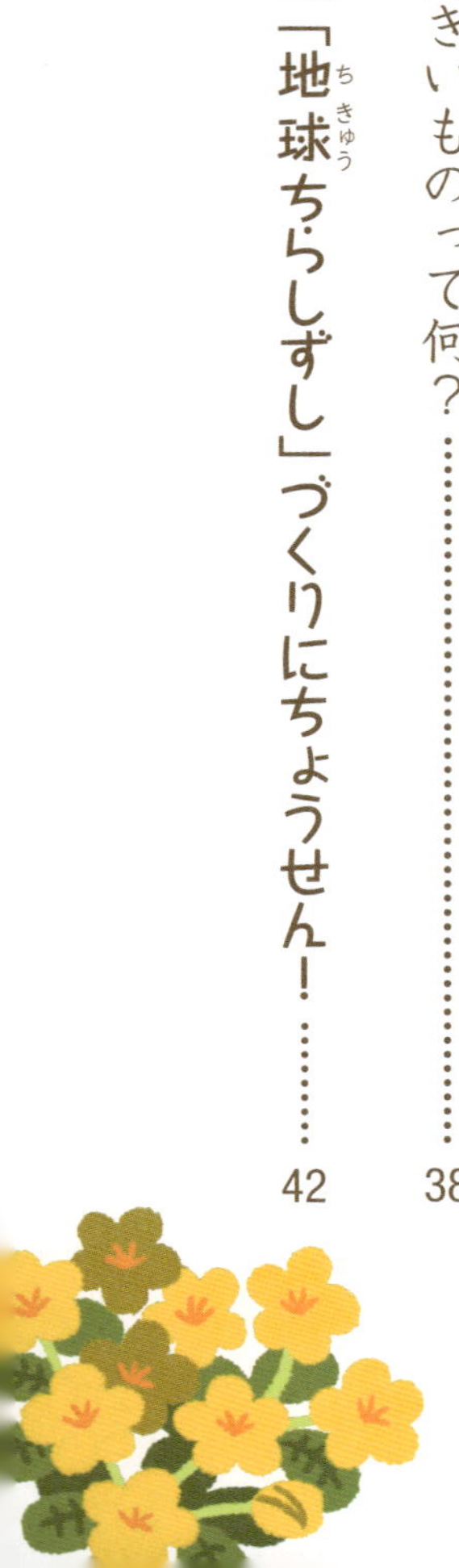

大地のふしぎ

空のふしぎ

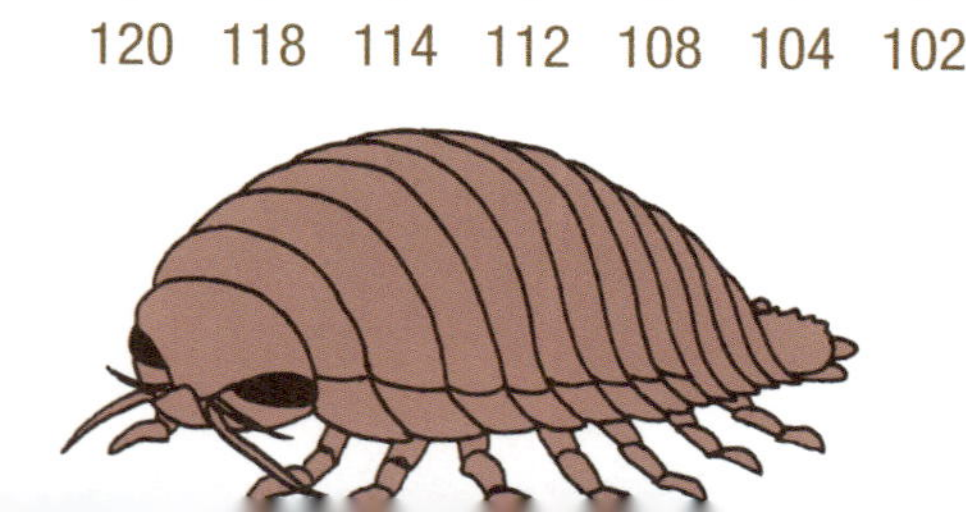

海のふしぎ

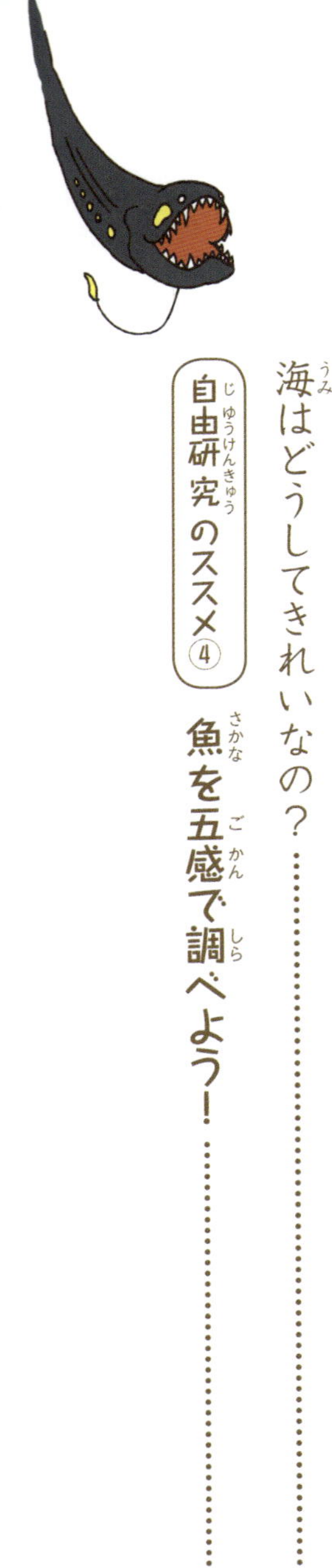

もしものふしぎ

編集協力　株式会社童夢　　執筆協力　田口純子　深山史子

アートディレクション　辻中浩一　　本文デザイン　辻中浩一・内藤万起子（ウフ）　　DTP　天龍社

イラスト　赤澤英子　メイヴ　秋野純子　ひらのあすみ　すず木しんぺい　　校正　新山耕作

地球（ちきゅう）のふしぎ

地球はいつどうやって生まれたの？

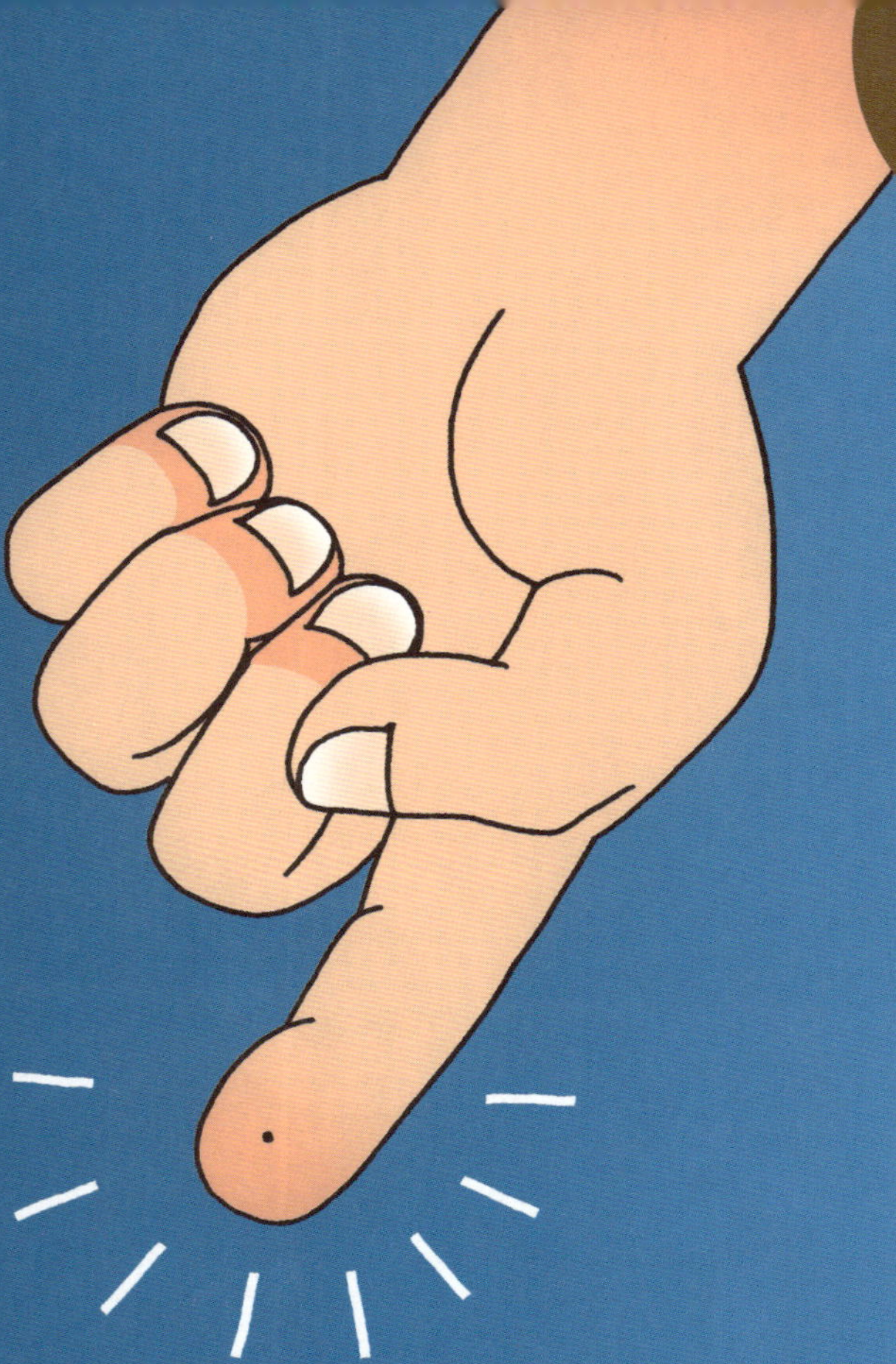

見えますか？
指先にのった、すなつぶよりも小さな、小さなちり。じつはこれが、地球のさいしょのすがたなのです。
地球は、はるか46億年もむかしに生まれたといわれています。

太陽が生まれたのは、46億年ほど前のこと。ある星がばくはつし、そのときにできたガスが宇宙のちりとくっついてギュッとかたまり、ものすごい熱をもった星になったのです。

でも、さいしょからいまのような形をしていたわけではありません。

宇宙には、すなつぶよりも小さなちりがたくさんただよっています。太陽が生まれたとき、さらにたくさんのちりができ、これらのちりがぶつかりあい、くっついて少しずつ大きくなりました。そして、地球のもととなる、小さな小さな星ができたのです。

宇宙のちりからできた星ははじめ1ミリメートルぐらいの大きさ。もっと大きくなるぜ!

約46億年前

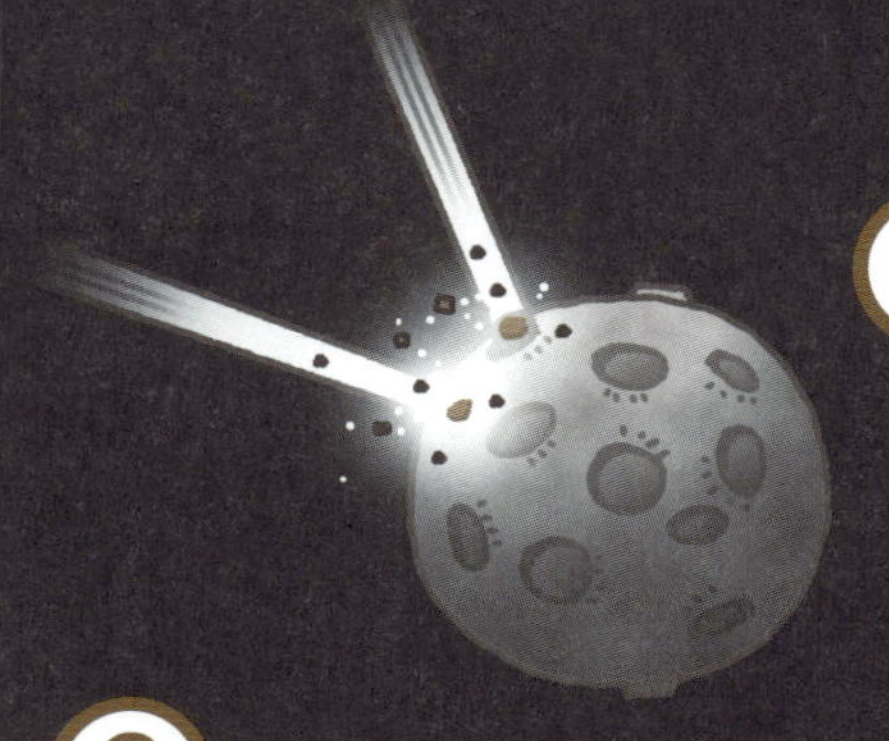

①
ちりが集まってできた星は、少しずつ大きくなって丸くなり、くるくる回転しはじめました。いよいよ地球のたんじょうです！

②
できたばかりの地球に、まわりにあったたくさんの小さな星がぶつかり、どんどんくっついていきました。星がぶつかったときのしょうげきでガスがふきだし地球は熱くなりました。

もえるぜ！

③
星がぶつかり続け地球は大きく、熱くなります。すさまじい熱で地球の表面がとけ、ドロドロした熱いかたまりである「マグマ」でおおわれるようになりました。

④

やがて地球にぶつかる星がへると、地球の表面は冷えていきます。だんだんとマグマはかたまり、岩石の層で地球の表面がおおわれて陸ができました。さらに地球が冷えると、地上のガスが雲になって、地球をおおいます。雲の下では、陸に100度をこえる熱い雨がふり、海ができました。

⑤

ガスのなかにあった二酸化炭素などが海にとけていきます。雲も少なくなり、ふり続けていた雨がやんで、空が晴れました。

こうして地球はいまのようなすがたになった!

だから地球は回っている！

地球は24時間に1回転しているのを知っている人もいると思います。そもそも地球は、なぜ回るようになったのでしょうか？

① できたばかりの地球では中心に向かって集まる力が生まれ、ボールのように丸まっていきました。このときはまだ、いろんな方向にくるくると回っていました。

② 地球に小さな星がぶつかる回数がふえてくると、小さな地球はだんだん同じ方向にだけ回るようになりました。

ほかの星の回転の速さは?

1日が24時間じゃなくなる!?

地球が回る速さは、いまも少しずつゆっくりになっています。いまから1億8000万年後には、25時間に1回の回転になるといわれています。

③ 地球に星がぶつからなくなり、地球がいまと同じくらいの大きさになると、コマのような回転もいきおいがおとろえ、だんだんゆっくりになりました。それでも1時間に1700キロメートル進むくらいの速さです。

地球が止まる日

地球の1日の回転がどんどんおそくなっていつか止まると、太陽の光が当たり続ける昼の場所と、ずっと当たらない夜の場所に、世界がまっぷたつに分かれてしまいます。しかも朝から次の朝がくるまでに1年かかり、昼は焼けるような暑さ、夜はとてつもない寒さで、生き物はくらしていけなくなります。とはいえ、それはずっと先のことなので、心配いりません。

もしいま、いきなり地球が止まったら…

人やビル、空気など、地球上のあらゆるものが、地球の回転と同じ高速スピードで宇宙空間へ放り出されてしまいます。

人はどうして地球の上に立っていられるの？

わたしたちは、①の絵のように地球の上に立っています。女の子と同じですね。でも左の絵を見ると、女の子と地球の「下」にいる人も、ふつうに立っています。どうしてでしょう？

じつは、宇宙から見ると、地球の「した」は地球の中心の方向をさし、「うえ」はその反対方向をさすことばになるのです。

「うえ」と「したを」決める見えない力

ものは、重くなればなるほど、引きよせる力が強くはたらきます。地球のなかでいちばん重いのは、地球という星自体。このため、人間をふくむ地球の「うえ」のあらゆるものは、地球自体にもっとも強く引きよせられます。この力を「重力」といいます。

重力は星の中心、つまり「した」へ向かって強くはたらきます。このため流れ星のように地球の近くを通ったものは、地球の重力により引きよせられて落ちてしまいます。

重力が小さいと…

重力は、重い星ほど大きくなります。地球よりも小さくて軽い月の重力は、地球の6分の1。地球での体重が30キログラムの人も、月では5キログラムくらいに感じます。

地面の下ってどうなっているの？

約1400年前のエジプト人が考えた箱のなかにある地球

約700年前の北ヨーロッパで考えられた地球

地面の下には大きな木があって、地球をささえている……。というのは、むかしのヨーロッパの人が考えた地球のすがたです。500年くらい前までは、平らな地球を神や生き物がささえている、と世界中で信じられていました。

でもじっさいの地球はちがいます。もぐって見ていきましょう。

インドネシアの民族に伝わる地下にあるさかさまの地球

古代インドではぼくたちが地球をささえるよ！

地面の下には、むかしの地球がある

地面の下には、むかしのすなやどろ、火山灰などが積み重なっています。これを「地層」といい、なかにはむかしの生き物の死がいがかたまってできた「化石」もあります。また、地面の下は深くなればなるほど熱くなり、ものをおしかえす力（圧力）が強くなります。

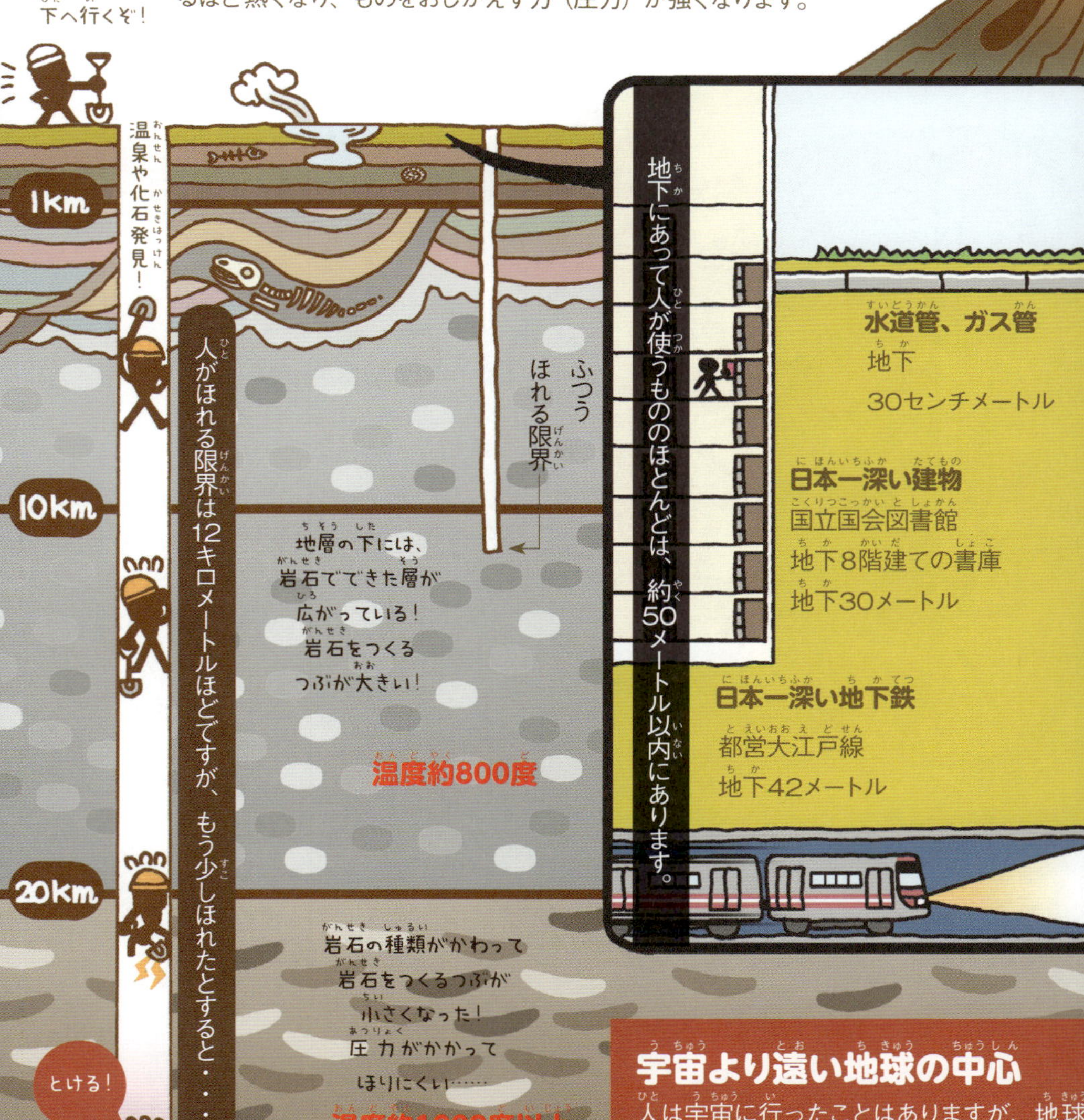

宇宙より遠い地球の中心

人は宇宙に行ったことはありますが、地球の中心まで行ったことはありません。深いところの岩石は、上にのっているすなや土などの重さがかかっていてとてもかたく、ほりすすめられないからです。

さらに下には何があるでしょうか。地球のなかをのぞいてみると、こうなっています。

かたい岩石でできています。たまごのからのように地球をおおっています。

マントル

マントルには、「上部マントル」「せんい層」「下部マントル」「D"層（ディーダブルプライムそう）」があります。上部マントルは、かんらん石という石がドロドロにとけてできています。それ以外は深くなるにつれて圧力がかかり、ちがうものに変化します。

プレート

上部マントルの上の部分と地殻を合わせた、かたい部分です。

地球は鉄の星

地球の約３０％が鉄でできています。鉄のほとんどは、地球ができたときに中心にしずみこんで核となりました。核にとけている鉄が流れ動くことで、地球は大きなじしゃくのようになっています。そのため、鉄でできた方位じしんは北と南をさすようになるのです。

だれも地球のなかを見たことないのになんでわかるの？

手がかりは、地震のゆれによる波を調べること。ここから、マントルが絵のようにきれいな層に分かれていないこともわかってきています。

核

核には、とけている鉄やニッケルなどの金ぞくでできた「外核」と、かたまった鉄やニッケルなどの金ぞくでできた「内核」があります。

地球のなかから、こんにちは

鉄やアルミニウムなどの金ぞく、セメントになる石灰岩、電気やねんりょうになる石油など、生活に役立っているすべてが、地球からとりだされています。

ガラス

岩石をつくる「こうぶつ」というつぶのひとつ、石英でできています。

温泉

地下水が地熱であたためられて、地表にふき出てきます。

プラスチック

地下からとりだされた石油からつくられています。

月のひみつを教えて！

夜空にうかぶまんまるのお月さま。月は、地球にいちばん近い星で、いつも地球のまわりを回っています。

みんなが知っている月ですが、じつは、おとなでも知らないひみつをもっています。ここでは、みんなに月のひみつを少しだけ見せちゃいます。

約45億年前に、地球が大きな星とぶつかってできたかけらが、少しずつまとまって、月ができたといわれています。

ひみつ2 地球には見せない うらの顔がある

地球が1日で1回転しているように、月は27日で1回転しています。でも、その27日のあいだに、地球のまわりを1周してもいます。このため、月はいつも地球に同じ面を見せて回っているのです。地球から見えない月のうらがわは、じつはクレーターとよばれる大きなあなでボコボコになっています。

ひみつ3 じつは地球から少しずつはなれている

地球と同じように月にも、ものを引きよせる力があります。海で潮が満ちたり引いたりするのも月が海の水を引きよせているからです。でもこの引っぱる力は弱くなってきています。このため地球と月のきょりは、なんと毎年4センチメートルずつはなれているのです。

行かないで～!!
月がいないと…
月がぼくを
引っぱってくれないと、
ぼくは速く回転しすぎて
しまう!!

バイバーイ

地球にはなぜ生き物がたくさんいるの？

動物、植物、虫、バイキン……。地球という星にはたくさんの生き物がいっしょにくらしています。でも、生き物のいる星は、地球以外にはまだ見つかっていません。どうして地球にはこんなに生き物がふえたのでしょうか？　それは3つのキセキが起きたためといわれています。

キセキ！① 太陽とのきょりがちょうどよかった！

生き物が生きるためには水が必要です。ただし、水が水の形をたもっていられるのは0～100度のあいだだけです。

地球のように、太陽のまわりを回る星はたくさんあります。でも、太陽に近すぎると暑く、遠すぎると寒くて、水もできず、生き物はすめません。

太陽のまわりを回っている星のなかで、たまたま地球だけが太陽とちょうどよいきょりにあったから、地球には水があり、生き物は生きられたのです。

② キセキ！ 酸素に勝てた!

約27億年前、シアノバクテリアという酸素をつくる植物のような生き物が大量に発生し、地球の酸素はどんどんふえました。

当時の生き物にとって酸素は、どく。そんなときぐうぜん、酸素に負けないしくみをもつ生き物が生まれました。

そして、その生き物は生きのび、なかまをふやすことに成功したのです。

③ キセキ！ かんきょうの変化を乗りこえた!

約6～7億年前、地球は急に寒くなりました。海はこおって酸素の量がへり、生き物たちに死のきけんがおとずれます。

しかし、きびしいかんきょうのなかでも生きられるしくみをもつ生き物が、キセキ的にいました。

やがて、氷の海がとけて空気のなかに酸素がふえると、生きのこった生き物たちからいろいろな形の生き物が生まれました。そして生き物の数はどんどんふえていきました。

こうして地球は、たくさんの生き物がすむキセキの惑星になったのです。

地球に生き物はどれくらいいるの？

地球には1ぴきずつなんてとても数えきれないほど、たくさんの生き物がすんでいます。種類で見ていくとどれくらいいるのでしょうか？ そのむかし、こんなお話がありました。

ノアのはこぶねの伝説

そのむかし、ノアという神様を熱心に信じる人がいました。あるとき、人間が悪いことばかりしているのを見かねた神様は、こうずいを起こして人間をほろぼそうと考えました。

ただ神様は、神様を熱心に信じていたノアとその家族だけには、
「大きなふねをつくって、すべての動物のオスとメスを
１ぴきずつのせてにげなさい」と伝えておきました。
やがて、こうずいが起こると、ノアたちはつくったふねでにげます。
そして、こうずいが起こってから２４４日後に水が引いたので、
ノアと動物たちはふねからおりて、
新しい大地に足をふみ入れたのでした。

せきつい動物は全部で約6万 6000 種！

背骨をもつ動物は「せきつい動物」とよばれます。そのなかで人間など、お母さんのおなかのなかから生まれてお乳をもらって育つ動物のなかまは「ほ乳類」といい、ほかに、4つのグループがあります。

ふねのなかは
こうなりましたが、
地球にいる生き物は、
これだけではありません。

地球上には、わたしたちが発見していない生き物がいるといわれています。毎年約2万種類もの新しい生き物が見つかっています。

新しい生き物が発見されるいっぽうで、かんきょうはかいなどによって、毎年約4万種類もの生き物が、ぜつめつしています。

「生きている」ってどういうこと？

地球には多くの生き物がいて、いのちが宿っています。では「生きている」とはどういうことでしょうか。むずかしいですが、歌にしてみました。聞いてください。

ぼくだって変化あるのに…
いいな〜
石は生き物？
(NO・NO・NO)
ウイルスは生き物？
(KA・MO・NE)
花は生き物？
(SOU・NE)
ドッカーン
地球も生き物？
(WOW・WOW・WOW)
あらたしい
約300年
あたらしい
ことばは生き物？
(DOU・DA・ROU)
心がないと
生きていない？
動かないと
生きていない？
変化
するもの
生き物　それは
未来があるもの
センキュー!!
いきもの
ファイブ!!
〜20XX〜
生き物であるうちに
生きてみよう
生きること　それは
生き物だけのけんり

人間はいつ地球に生まれたの？

地球が生まれてから、さいしょの生き物が生まれるまでに6億年。それから数十億年たってようやくいろいろな生き物がふえていきました。人間のなかまである「せきつい動物」の祖先も、そのころに生まれます。そこから人間の体ができるまでには、さまざまなしくみを手にしていく必要がありました。

約5億
4000万年前
背骨を
ゲット!

このころの生き物の背骨は、いまとちがってはっきりとした形をしていない。

約40億年前、深海でさいしょの生き物が生まれる。

約27億年前、シアノバクテリアによって酸素がだされる。植物のなかまが生まれる。

約27～20億年前、酸素に負けないしくみをもつ生き物があらわれる。

約20～6億年前、たくさんの細胞でできた生き物があらわれる。

生物大量発生！

約4億年前

あごをゲット！

あごのしくみをもった生き物があらわれたことでたくさん食べ物をとれるようになった。

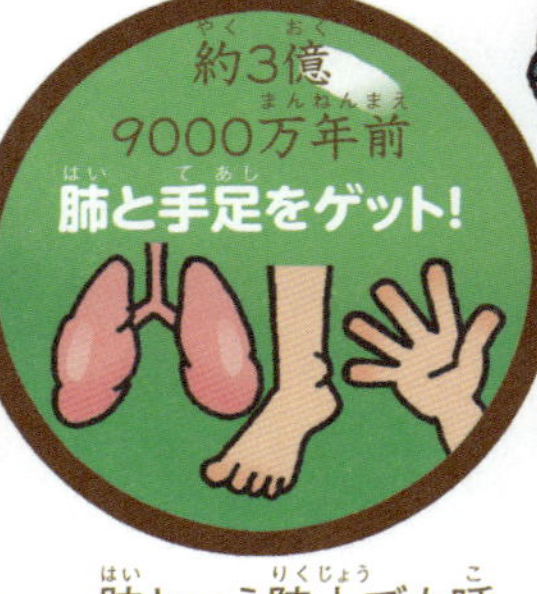

約3億9000万年前

肺と手足をゲット！

肺という陸上でも呼吸できるしくみをもった生き物の一部が、陸に上がった。

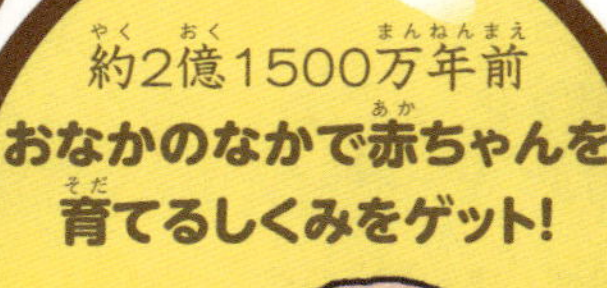

約2億1500万年前

おなかのなかで赤ちゃんを育てるしくみをゲット！

「ほ乳類」の祖先があらわれた。

約5000万年前

世界中にサルのなかまが広がる！

長い道のりだったな～

700万年前になり、ようやくチンパンジーからヒトのなかまが分かれました。いよいよ人間の登場です！

人間のとくちょうは2本の足で歩けること。約700万年前から、人間の祖先は2本足で歩き始め、少しずつサルから人らしくなりました。

猿人
700万～200万年前

ほぼサル

2本足で歩ける体をゲット!

アウストラロピテクス
約400万～200万年前に生きていました。脳の大きさは、チンパンジーとあまりかわりません。

原人
200万～130万年前

ホモ・ハビリス
約240万～140万年前に生きていました。道具を使ったさいしょの人間の祖先です。

ホモ・エルガステル
約180万～140万年前に生きていました。石器で、死んだ動物の肉を切って食べていました。

道具をつくる力をゲット!

ややサル

ホモ・エレクトゥス
約180万～7万年前に生きていました。道具を使いこなし、火を使えました。

いま、人間というと1種類しかいませんが、むかしはこれだけたくさんの種類がいました。でも、種族のあらそいや地球かんきょうの変化などがあり、そのなかでたまたま、「ホモ・サピエンス」だけが生きのこったのです。

ほぼヒト

ホモ・ネアンデルターレンシス

約35万～3万年前に生きていました。死んだ人のおはかに花を入れて、死者をとむらうやさしい心があったといわれています。

ホモ・ハイデルベルゲンシス

約50万年前に生きていました。ホモ・エレクトゥスより体が大きく、火やふくざつな道具を使うことができ、狩りをしました。

ヒト

ホモ・サピエンス

約15万年前にアフリカに登場。かんたんなことばを使って、ほかの人とやりとりできました。

新人
15万年前～現在

旧人
180万～15万年前

地球でいちばん強い生き物ってなんなの？

「動物の王様はライオンでしょ」と思う人もいるかもしれません。でももっと強い生き物は、たくさんいます。強さにもいろいろあり、かむ力、ける力、どくなど、くらべるきじゅんでかわります。

さいきょうせいぶつけっていせん
最強生物決定戦

ダゲキ系

カバ
強さレベル：★
敵がなわばりに入ると、時速40キロメートルのスピードでとっしんする。

アフリカゾウ
強さレベル：★★★
5〜7トンの体重をかけてふみつぶす。

ずつきをくらえ！

ドク系

トリカブト

強さレベル：★★★

くき、花、根、葉すべてにどくをもち人間は6ミリグラムで死ぬ。

ドクハキコブラ

強さレベル：★★

3メートル先までどくを飛ばせ、目に入ると、視力をうしなう。

じわじわせめるぜ!

ひそかにこうげき!

きみにとどけ!

ボツリヌス菌

強さレベル：★★★★★

地下や川、動物の体内にひそみ、口に入ると、人間は1日で死ぬ。

大量ハカイ系

クマムシ

強さレベル：★★★

自分の体内から水をぬき、ねむると、ふみつぶされないかぎり、150度の高温や、空気のない宇宙でも生きられる。

ボウギョ系

ねむれば最強さ!

人間

強さレベル：★★★★

単体での力はないが、集団で武器をもたせると、いちばんやっかい。

いちばんなんて決められない!

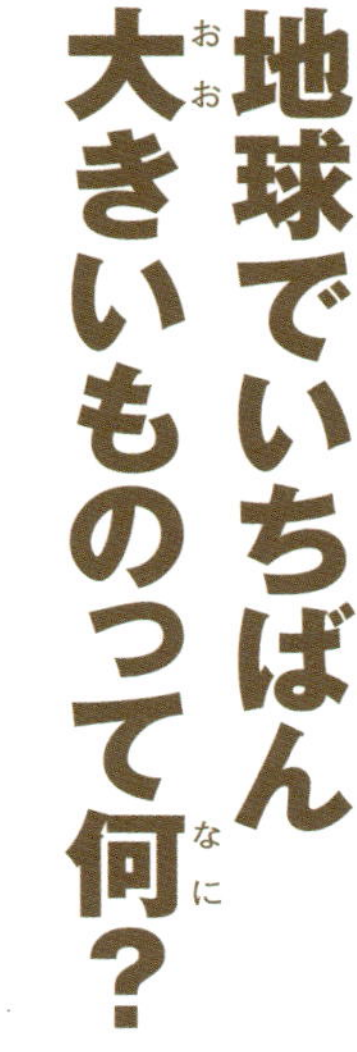

地球でいちばん大きいものって何？

地球上には、さまざまな地形があり、多くの生き物がいます。そこで、地球にある、いろいろな大きいものの代表に集まってもらいました。

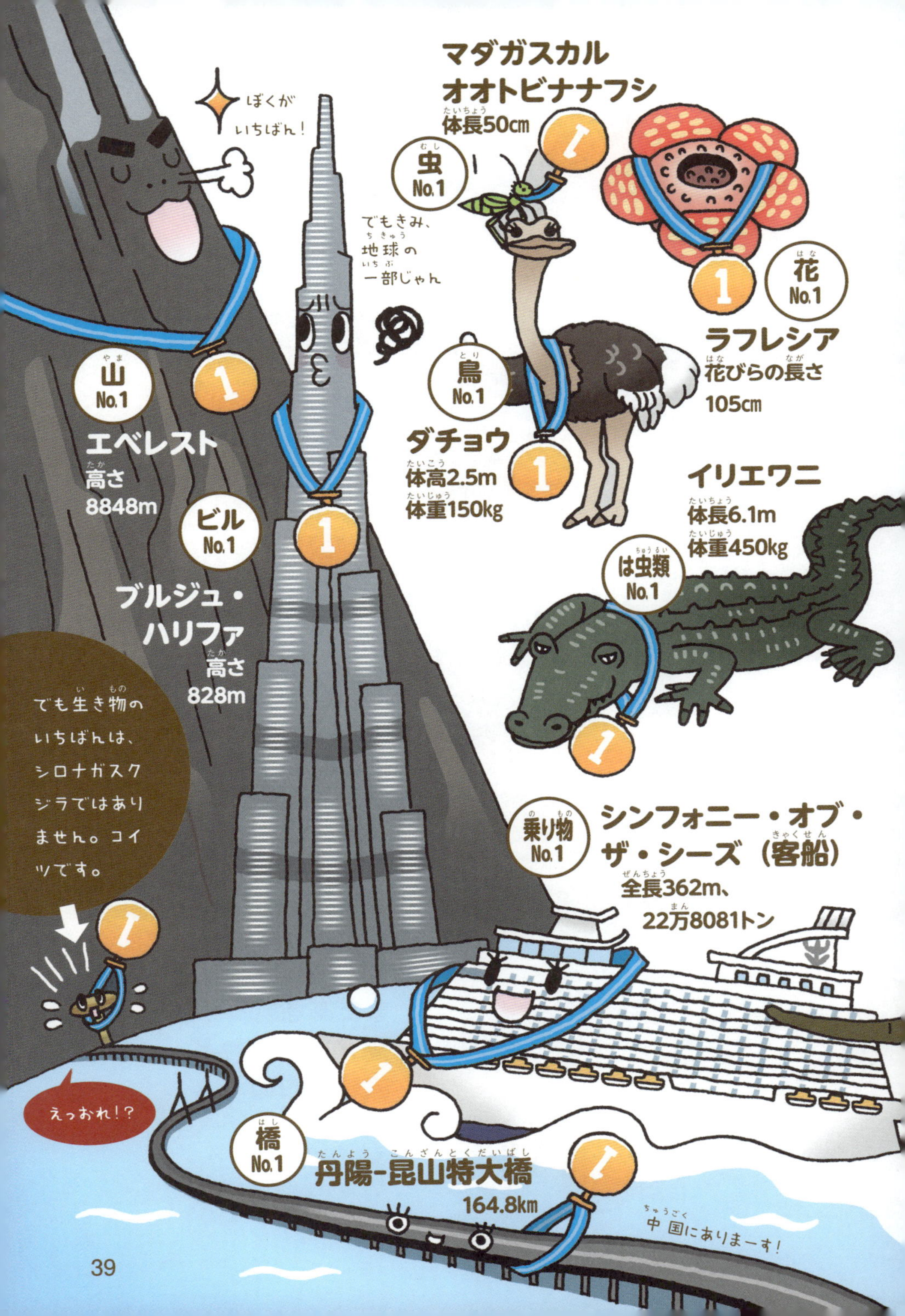
ぼくがいちばん！
山 No.1
エベレスト
高さ
8848m
でもきみ、地球の一部じゃん
ビル No.1
ブルジュ・ハリファ
高さ
828m
マダガスカルオオトビナナフシ
体長50cm
虫 No.1
花 No.1
ラフレシア
花びらの長さ
105cm
鳥 No.1
ダチョウ
体高2.5m
体重150kg
イリエワニ
体長6.1m
体重450kg
は虫類 No.1
でも生き物のいちばんは、シロナガスクジラではありません。コイツです。
えっおれ！？
乗り物 No.1
シンフォニー・オブ・ザ・シーズ（客船）
全長362m、
22万8081トン
橋 No.1
丹陽-昆山特大橋
164.8km
中国にありまーす！

まだある! 見えないけれど大きいもの

オニナラタケのように、ふだん人間の目には見えなくてもとても大きいものはあります。

町より大きい！

地球No.1 地球

表面積約5.1億㎢

「地球でいちばん大きいもの」といえば、地球という星自体の大きさになります。

でも地球もほかの星とくらべると、大きくはありません。太陽は地球の約1万2000倍もの表面積になります。

天の川銀河

はしからはしまでの長さは、地球約740兆こ分。

考える力

空想する力、信じる力も、無限大です。

未来

みんなの行動しだいで、いくらでも大きくできます。

これでバッチリ！

「地球ちらしずし」づくりにちょうせん！

地球のなかのようすは、だれも見たことがないので、まだ多くはわかっていません。そこで、地球をまっぷたつに切ったときのすがたを想像して、ちらしずしにしてあらわしてみましょう。

用意するもの

・地球のずかん　・筆記用具　・ノート
・しゃもじ　・丸いさら　・はし　・すめし
・ボウル　・好きな具材（できるだけ色のちがう具材のほうがきれいにできる）
・もぞうし

1 地球について調べる

地球のなかがどうなっているか、ずかんで調べます。地球を切ったときのすがたをどんな具材であらわすか、選んだ理由といっしょに表にまとめます。

地球のまんなかには核があるから…

具材あん

地かく	そぼろ（岩石の層だからゴツゴツ）
マントル	ミニトマト 紅しょうが にんじん （かたいところとやわらかいところがあるから） さやえんどう
核	たまご

具材のじゅんびのやり方はおうちの人に相談しましょう。

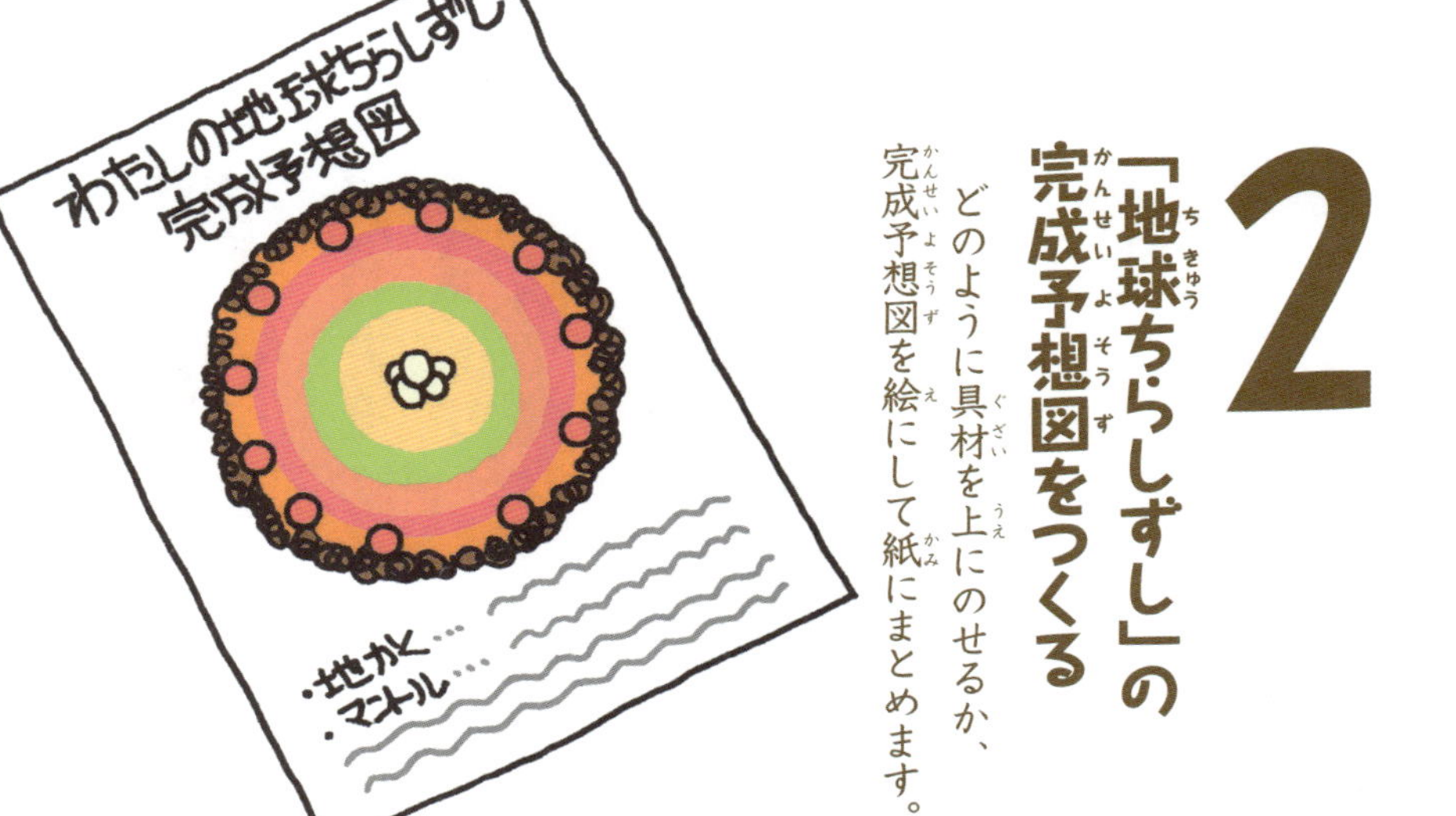

2 「地球ちらしずし」の完成予想図をつくる

どのように具材を上にのせるか、完成予想図を絵にして紙にまとめます。

3 すめしの上に具材をならべる

ごはんをたき、たきあがったごはんをボウルにうつしたら、さとうと塩、すを合わせたものをふりかけます。そのあと、しゃもじで切るようにまぜて、すめしをつくります。少しさましたすめしを、丸い皿にしきつめます。その上に、具材を完成予想図に合わせてならべましょう。

米1合にまぜるめやす
さとう（4グラム）
塩（2グラム）
す（20ミリリットル）

4 つくり方をもぞうしにまとめて発表する

できたちらしずしを写真にとってから、みんなで切り分けて食べます。食べ終えたら、あなたの考えた「地球ちらしずし」のつくり方をもぞうしにまとめて、みんなに発表しましょう。

用意するものは、絵でかくとわかりやすくなります。

つくっていて気をつけたことやポイントを書きましょう。

地球のすがたをあらわすために、どんな具材を使ったのかも書きます。

大地のふしぎ

大陸って何？

みんなのいる日本は、海に囲まれた島国です。でも、おとなりの中国は島ではなく、ユーラシア大陸という大きな陸地の一部にあります。地球には大陸が6つあります。大きい陸だから大陸ですが、その大きさにも決まりがあり、ヨーロッパの北にあるグリーンランドより大きな陸地を「大陸」とよんでいます。

でも、6つの大陸は、はじめからいまのようなすがただったわけではありません。

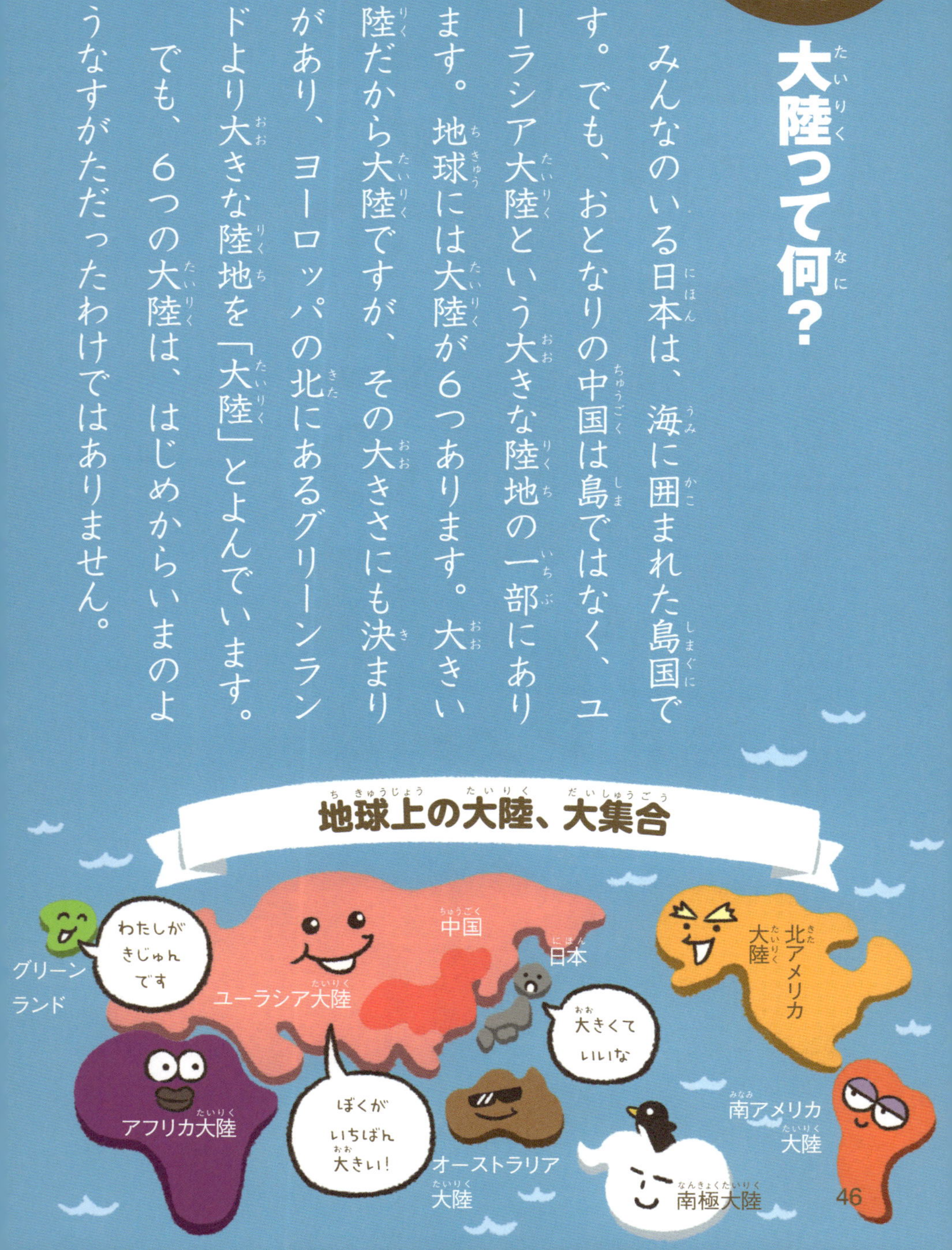

つくろうぜ！
大陸
プロジェクト

40億年前の地球には、小さな陸がありました。
なんかつまらん…

そうだ！大陸つくっちゃお！
えい！
大陸がたんじょう！
やったね！

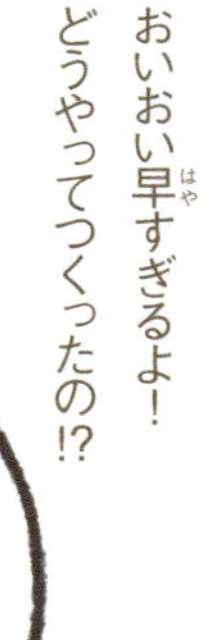

おいおい早すぎるよ！どうやってつくったの!?

ポリポリ
え？しかたない、教えるよ！

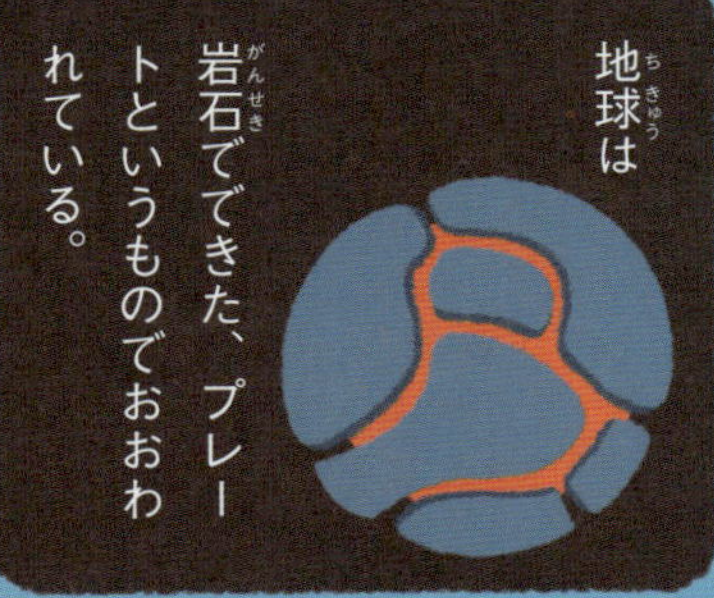

地球は岩石でできた、プレートというものでおおわれている。

プレートは地球のなかにあるマントルの熱でゆっくりと動いている。そして、プレートの動きにあわせて陸も動いていった。そして陸どうしがしょうとつして、合体することで大陸ができたのだ。

プレート3
プレート2
プレート1
マントル

大陸ののったプレートの下にマントルの熱がたまることで、大陸がおもちのようにふくらんで……

プクーッ

プレート

われた大陸のあいだには新しい海底ができて、しだいに広がります。

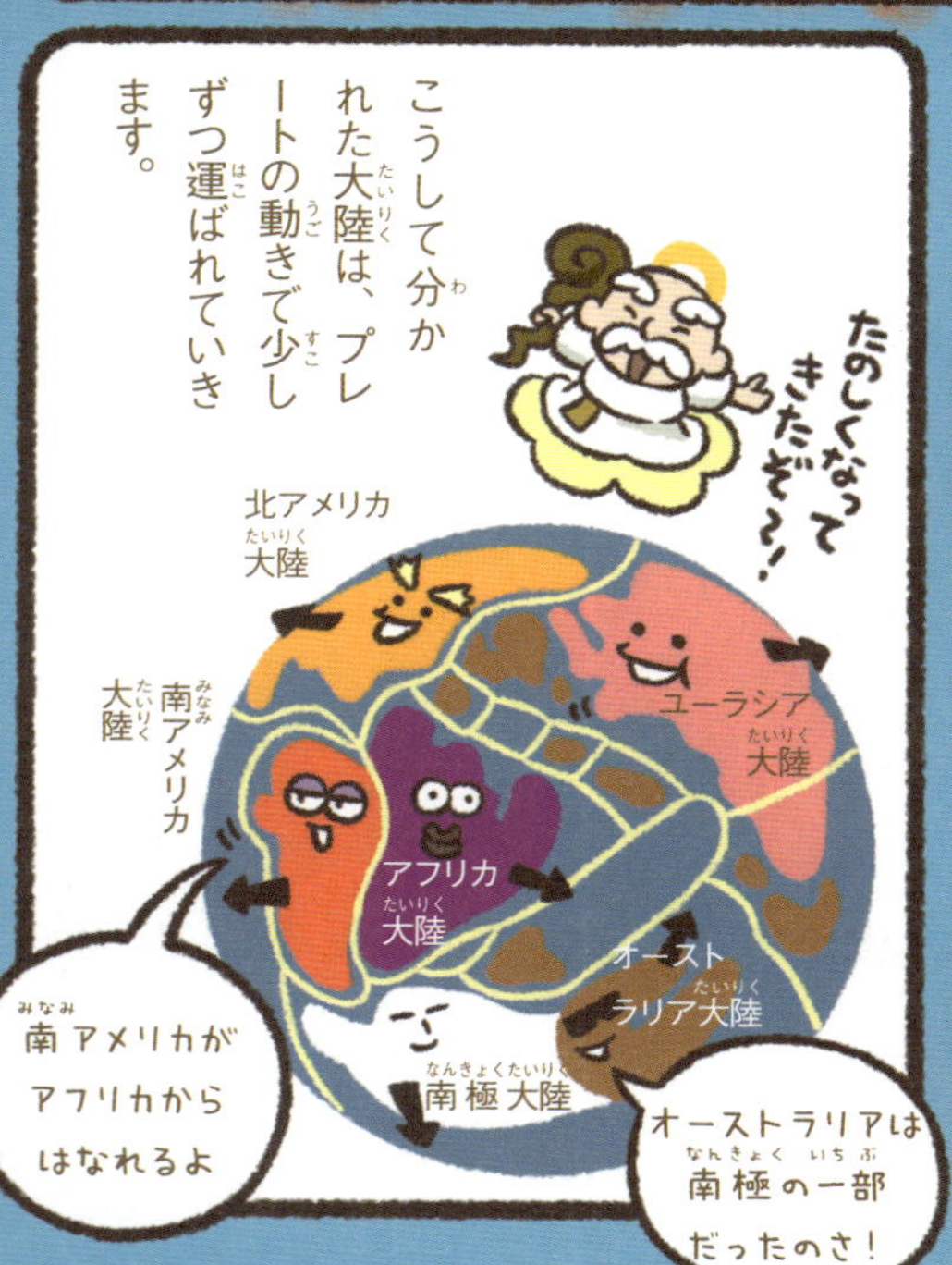

地球のなかにあるマントルやプレートはいまでも動き続けています。このため、いまの大陸も少しずつまた動いていき、1億年後にはくっついてひとつになるのではといわれています。

ふしぎな島の航海日記

地球には大陸以外にたくさんの島があります。その数は日本だけで6852島！　世界の島の数となると、多すぎて数えきれません。どんな島があるのか、とあるぼうけん家の日記をのぞいてみましょう。

7月5日 グリーンランド

世界でいちばん大きい島にやってきた。冬は島のほとんどは氷でおおわれていて、とても寒い。しかし、火山の活動がとても活発で、温泉も多いようだ。

8月2日 ヤップ島

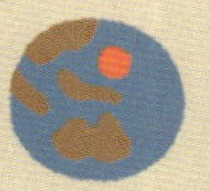

この島には動かない石のお金がある。けっこんのお祝いやきちょうなものとのこうかんなどで使うらしい。もちぬしがかわっても石の場所はかわらない。ふしぎだ。

7月15日 ウロス島

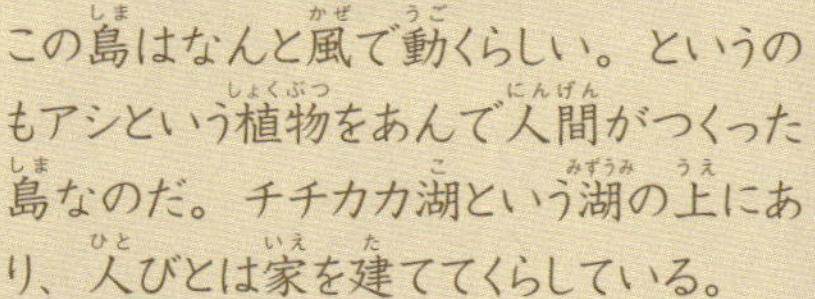

この島はなんと風で動くらしい。というのもアシという植物をあんで人間がつくった島なのだ。チチカカ湖という湖の上にあり、人びとは家を建ててくらしている。

8月30日 マダガスカル島

大陸にはいない、さまざまな生き物がいる島。サルの「アイアイ」や、はでな体色をもつ「マダガスカルキンイロガエル」などがいる。

8月21日 イースター島

モアイ像という、なぞの大きな石像があることで有名だ。でも、この像を建てた島の人たちは、外から来た人たちに連れていかれて、ずいぶん少なくなってしまった……。

9月21日 北センチネル島

この島はきけんだ。近づくと、島の人が矢を放ってくるのだ。6万年も前から外国との交流がなく、自分たちの文化を守っているらしい。そっとしておこう。

9月14日 沖ノ鳥島

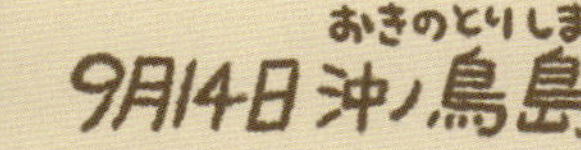

日本にある、世界でいちばん小さい島。サンゴでできている。波の高いときの陸地の高さは16cmほど。でもこの島のおかげで「日本の海」は広くなっている。

どうして日本は山だらけなの？

日本は世界でもとくに火山が多い国といわれます。このわけは、日本が生まれた場所に関係しています。

地球はいくつかのプレートでおおわれていますが、プレートがはなれたりぶつかったりする場所では、火山ができます。日本は4つものプレートのさかい目にあるので、火山が多くできたのです。

山と日本人

ふん火をして命をうばうおそろしい面もある山。山には何か特別な力がある。そんな思いから、日本人はむかしから、山をおそれたりあがめたりしてきました。

山そのものが神様

山の美しさやふん火のおそろしさから、山そのものを神と考え、登っておまいりしたり、山を神としてまつった神社を建てたりしました。とくに富士山は、死ぬまでに一度は行っておまいりしたい、あこがれのそんざいでした。

山には神霊がすんでいる

山は人間のすむ世界とはちがう場所。神様や神の使いがすみ、さまざまな霊が集まると考えられていました。

山は修行の場

人里からはなれた山は、ものをじっくり考えたり心をきたえたりするのにもふさわしい場所。仏教や神道などの修行をする人が多く登りました。

自然のめぐみをくれる

山ではきのこや山菜などの食べ物がとれます。山から流れてきた川では魚がとれ、水を引いて米が育てられます。山のおかげで、日本人はゆたかにくらせるのです。

山に登ってみよう！　山のよさをあじわおう

日本のいたるところにそびえる山。登るのはたいへんですが、それ以上にすてきなことやよいこともたくさんあります。

わしは登山家、岩山岳男。山を歩く前はじゅんびをしっかりしてくれ！　さあ！　出発だ！

山は日差しが強いので、ぼうしをわすれずに！

虫にさされないよう長そでを！

歩きやすいくつとくつしたで！

リュックサックに地図と雨具を入れて

美しい自然にいやされる

山に登ると、きれいな花やこんもりとしげった森、ごうごうと流れ落ちるたきなど、ふだん見られない風景が見られます。

ごはんがおいしい、空気がおいしい

山の空気はとてもすんでいます。がんばって登ったあとは、おなかがペコペコで、食べ物がおいしく感じられます。

スーハー
気もちいい！
見たことのない生き物に会えるかも！

人はなぜ山に登るのか

やまびこをよんでみよう

いくつもの山にかこまれた場所や谷底で「やっほー」とさけぶと、声がこだまして返ってくることがあります。むかしはこれが「やまびこ」というようかいのしわざだと思われていました。

むかしのヨーロッパでは山には悪魔がすむとおそれられていました。やがてぼうけん家たちが、ロマンを求めて世界中の山に登るようになりました。まよったりがけから落ちたりするきけんをおかしても、見たい景色があるのかもしれません。

なんで山に登るの(^_^)?

地球はおれの遊園地だからさ。
三浦雄一郎(冒険家)

そこに山があるから。
ジョージ・マロリー(登山家)

高山に登らざれば、天の高きを知らず(高い山に登らなければ、空の高さはわからない。動かなければやろうとしていることの大きさもわからない。まずは山に登ってみるのだ)。
荀子(学者)

心も体もきたえられる

体力もつくうえ、歩いているあいだはいつもより深くものごとを考えられます。いっしょに歩いているなかまと助け合うことも多くなり、心がきたえられます。

世界でいちばん高い山は？

世界でいちばん高い山は、ヒマラヤ山脈にあるエベレスト山だといわれています。有名な山なので聞いたことがある人もいるかもしれません。でも、それはちがうといっている人もいるようです。

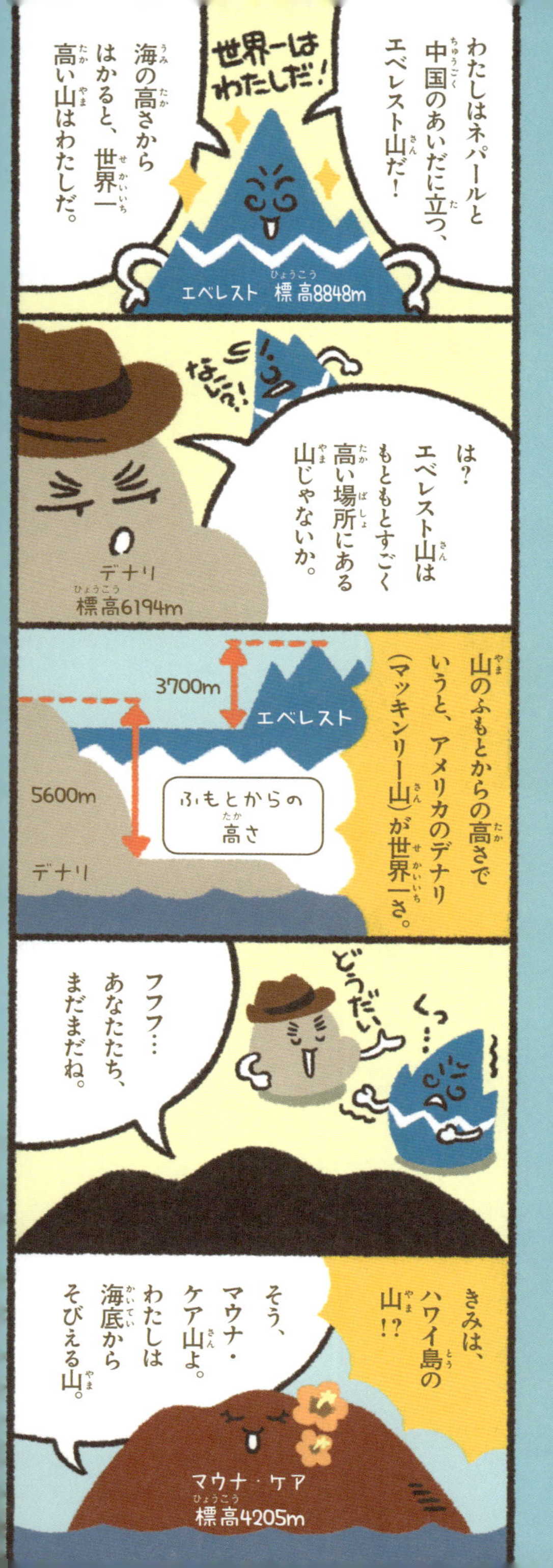

わたしはネパールと中国のあいだに立つ、エベレスト山だ！
世界一はわたしだ！
海の高さからはかると、世界一高い山はわたしだ。
エベレスト 標高8848m
なに!?
は？ エベレスト山はもともとすごく高い場所にある山じゃないか。
デナリ 標高6194m
山のふもとからの高さでいうと、アメリカのデナリ（マッキンリー山）が世界一さ。
3700m
エベレスト
5600m
ふもとからの高さ
デナリ
どうだい
くっ…
フフフ… あなたたち、まだまだだね。
きみは、ハワイ島の山!?
そう、マウナ・ケア山よ。わたしは海底からそびえる山。
マウナ・ケア 標高4205m

どうですか？　いろいろな世界一が出てきましたね。
山の高さはふつう、海面からの高さをもとにしています。でも、それは地球の見方の一部分でしかないのです。

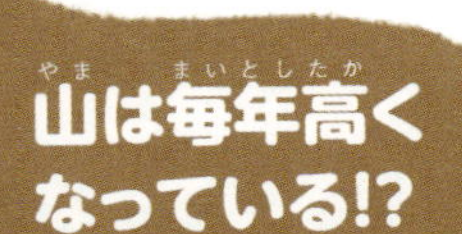

山は毎年高くなっている!?

山の高さは、がけくずれや地面が下がることで低くなります。しかしそれ以上に、地球のなかのマントルの動きによって、ふん火したりプレートがもり上がったりして、山が高くなる場合があります。エベレスト山も、毎年4ミリメートルずつ高くなっていると考えられています。

地震はいつ起きるの？

地震は、いつどこで起こるのか、だれにもわかりません。なぜかというと……。

すまんね、またしてもプレートのせいなのじゃ。プレートはたえず動いており、地震はそのプレートがぶつかりあって起きるんじゃよ。

プレートはぶつかりあうとゆがみます。やがてたえられなくなるとプレートがこわれ、地面がゆれるのです。これがいつ起こるか、GPSなどを使って地面の動きが調べられています。

神TV
プレートどうしがぶつかり、一方がしずむときに力がかかると、海底やプレートのさかい目、大陸部分がゆがんでこわれ、地震が起きます。

グラッ
バキ！

むりやりしずむしかない！

バキ！

バキ！

バキ！

こわれる～

地震のゆれは波となって地面を伝わります。波には「さいしょにくる波(P波)」と「次にくる波(S波)」があり、この2つの波の速さのちがいから、ゆれをよそくしているのが、緊急地震速報です。

①

先に伝わるP波のじょうほうを地震計がつかみます。そのじょうほうは国の機関である気象庁に伝えられ、緊急地震速報が出されます。

②

S波はP波のあとに伝わり、強いゆれを起こします。このあいだにS波がいつどこにくるのかがわかれば、にげられます。けれども、地震の起こるほんの数分前しかわかりません。

ほかにもよそくする方法はあるの?

ゆれ?

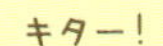

いま、できる地震のよそくは「緊急地震速報」だけですが、地震計の記録は次の地震を調べる手がかりになります。ほかにも、地震の前ぶれを感じとるといわれるネズミや電気ナマズなどを調べて、地震を研究している人もいます。

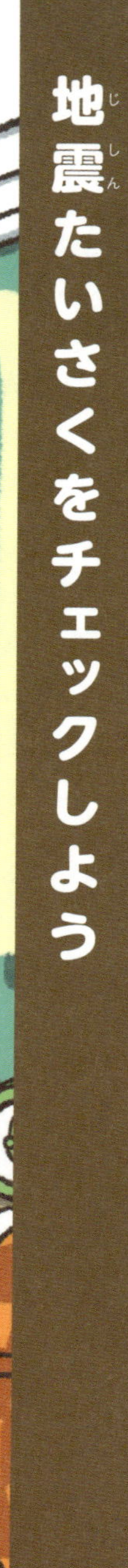

もし、地震が起きたとき、みんなのおうちはだいじょうぶ？　自分の部屋のきけんなところを調べておきましょう。

やってみよう

自分のおうちのオリジナルひなんセットをつくろう

① 必要なものリストをつくる

もしものときに必要なものは何か、おうちの人に聞いて紙にまとめます。

② ひなんセットをつくる

紙にまとめたものをリュックにつめて、いつでも持ち運べるようにしておきましょう。

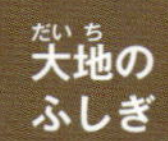

川の水はどうして冷たいの？

川の水に手をつけてみたことはありますか？
川の水は、冬だけでなくて、日差しの強い夏でもひんやりしています。川の水が、なかなかあたたまらないのには
こんな理由があるのです。

理由 ②

地下から冷たい水がわき出るから

雨の一部は、地下水として地面にたくわえられます。夏のように気温が高くても、地下水は地下深くにあるので、冷たいままです。この地下水が川にわき出ているので、冷たいのです。

川は自然のれいぞうこ

むかし、川は食べ物を冷やす、れいぞうこのやくわりもしていました。

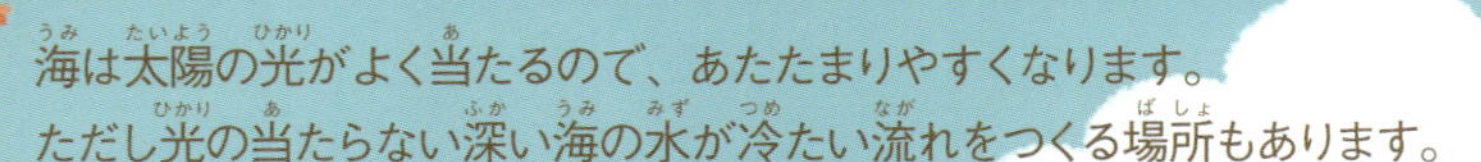

海は太陽の光がよく当たるので、あたたまりやすくなります。
ただし光の当たらない深い海の水が冷たい流れをつくる場所もあります。

いっぽうで、流れていない水は、温度がゆっくり上がります。

理由 ①

川が流れているから

もともと水には「あたたまりにくく、さめにくい」というせいしつがあるので、暑い夏でもあまり温度は上がりません。しかも、川はたえず冷たい地下水が流れてくるため、温度も上がりにくいのです。

むかしから続く 冷たい川だからできること

川床

川の上につくったざしき。足を川に入れてすずむこともできます。

そめ物

そめ物の生地についているのりを、川の水であらいながして、色あざやかにします。

寒ざらしそば

そばの実を川の水にさらして、アクをぬき、あまみを出します。

川は地球のアーティスト

あるときは、大きく大地をけずり、またあるときは、こう水で石やすなを運ぶ川。川は、地球をキャンバスに、人にはまねできないげいじゅつ作品をつくりあげます。

アマゾン川

南アメリカ大陸にある面積が世界一広い川。曲がりくねりながら流れています。川の一部が、もとの川の流れから切りはなされてできる「三日月湖」とよばれる湖が近くにたくさん見られます。

マッターホルン

ヨーロッパのアルプス山脈にある山。氷河にけずられて、山頂がするどくとがっています。

グランドキャニオン

アメリカにあるコロラド川にけずられてできた谷。十数億年かけてけずられてできた谷で、深いところは1600メートルにもなります。

エンジェルフォール

ベネズエラにある、水の落ちる長さが世界一のたき。水が流れ落ちるとちゅうできりとなって、美しく散ります。

ナイル川

アフリカ大陸にある世界一長い川。全長6695キロメートルもあり、日本列島２こ分よりも長いです。川でけずられた深い谷や、森、沼地、さばくなど、さまざまな地形が川ぞいに広がり、ゆたかな景色を見せてくれます。

森と林って何がちがうの？

そのちがいはとてもあいまいです。森や林は木がたくさん生えている場所ですが、木の数で決まっているわけではありません。自然のすがたは、ひとつとして同じものはないため、ことばで分けられないのです。でも人間が整理をするために、辞書などではこのようにちがいが説明されています。

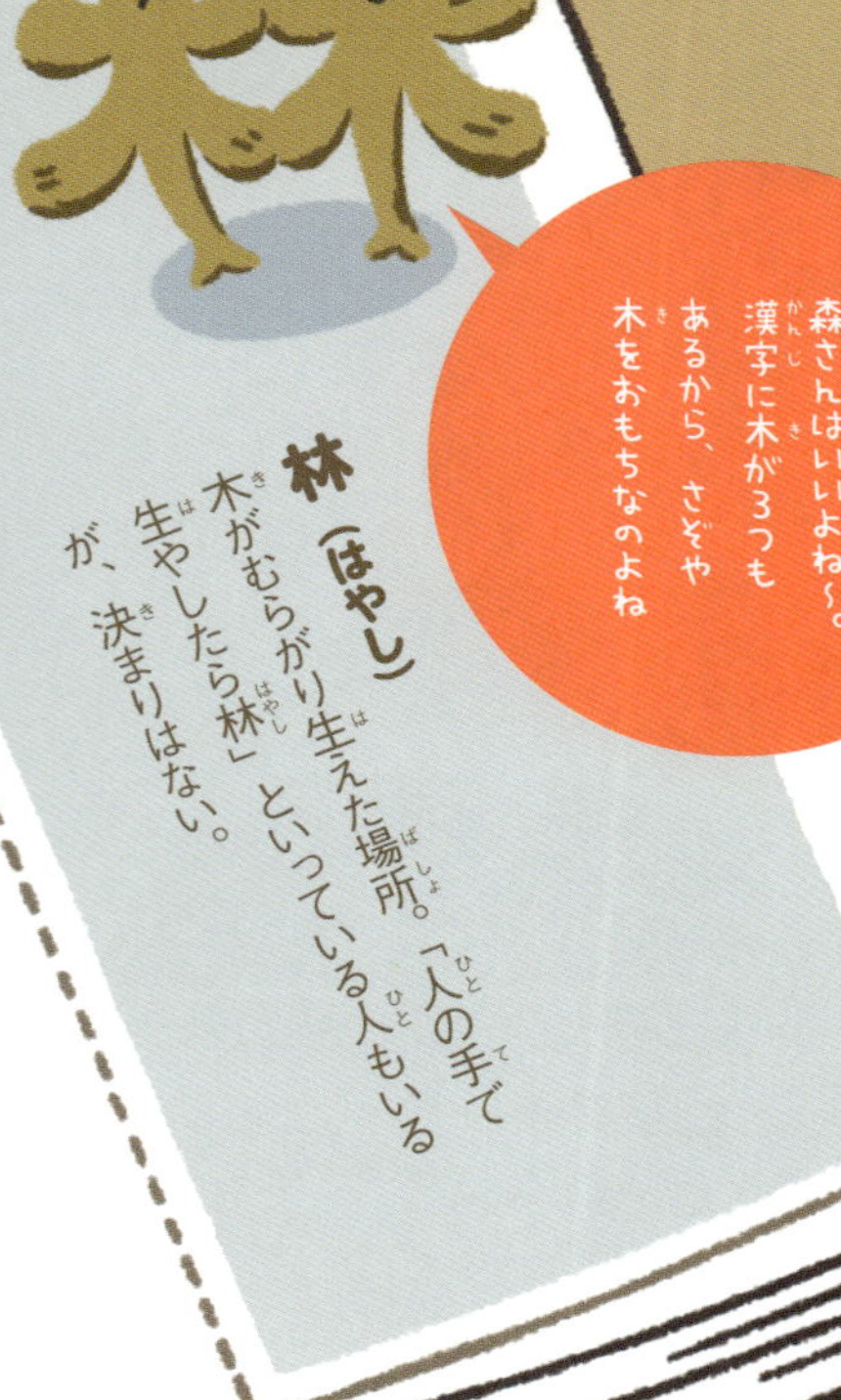

森さんはいいよね〜。漢字に木が3つもあるから、さぞや木をおもちなのよね
林（はやし）
木がむらがり生えた場所。「人の手で生やしたら林」といっている人もいるが、決まりはない。

いやいや、林さん。たいしてちがいはないよ
森（もり）
木がしげる場所。もり上がった場所に、木がたくさん生えているところ。もともと「もり」は神が宿る場所をいう。
湖（みずうみ）
まわりが陸にかこまれ、海につながっていない水たまり。まんなかあたりの水の深さが、5〜10メートル以上のものをさす。
湖さんはいいわねえ。きれいなイメージで…
沼（ぬま）
湖の小さくて浅いもの。まんなかあたりの水の深さが5メートル以下のものをさす。
わたしの意味を見てよ！人間がつくったのも池、自然にできたものも池…どっちなのよ!?
池（いけ）
土をほって人がつくった水たまり。または、自然にできたくぼ地にたまった水たまり。
丘・岡（おか）
土地の小高いところ。低い山。
山（やま）
平地よりも高くもり上がったところ。
けっきょく、どの高さから山になるの？
森？林？
どっちかな…

どうくつって、どんなところ？

どうくつは、岩石に空いた、人が入れるほどのほらあなです。日本でよく見られるのは、「しょうにゅうどう」というどうくつで、石灰岩という雨にとけやすい岩の地形でつくられます。雨が地面にしみこむと、地下水となって石灰岩をとかし、地中にあながてきます。長い年月をかけてこのあなが大きくなり、どうくつとなるのです。

どうくつの大きさはさまざま。世界には、東京タワーがたてに6つ入る深さや、東京と青森をつなぐほどの長さのものもあります。こうしたまっ暗などうくつにも、いろいろな生き物がいます。

しんぴ的な、どうくつの世界

しょうにゅう石

どうくつのなかでは、「しょうにゅう石」とよばれる、つららのような石があります。これは、てんじょうからたれてくる水にとけた石灰岩の成分がのこってできたものです。

地底湖

雨水や川の水がたまると、湖ができます。雨がふって水がふえると、どうくつが水でうまることもあります。

石じゅん

しょうにゅう石の下には、同じようにかたまってできる、たけのこのような「石じゅん」とよばれる石もあります。しょうにゅう石と石じゅんが、それぞれ長くなってくっつくと、柱のようになります。

コウモリのふん

栄養たっぷりのコウモリのふん。土もなく植物も生えないどうくつでは、虫たちのきちょうな食料です。

異次元の入り口？

光もなく、はてしなく続くどうくつを、むかしの人は異次元へつながる入り口ではないかとおそれていました。

化石を調べて何がわかるの？

「化石」とは、石が化けると書きますが、ただの石ではありません。大むかしに生きていた生き物の体が、土のなかにうもれ、何万年、何億年もかけて土の重みでかたまってできた石なのです。ほかに、生き物の足あとや、うんちのあとなどがのこされてできることもあります。

そう、化石は、大むかしの生き物のすがたやようすを教えてくれる、おくりも

こんにちは！　ぼくのきょうだいを教えてあげるね。巣のなかで、なかよく育てられたんだよ。

恐竜の赤ちゃんの化石より

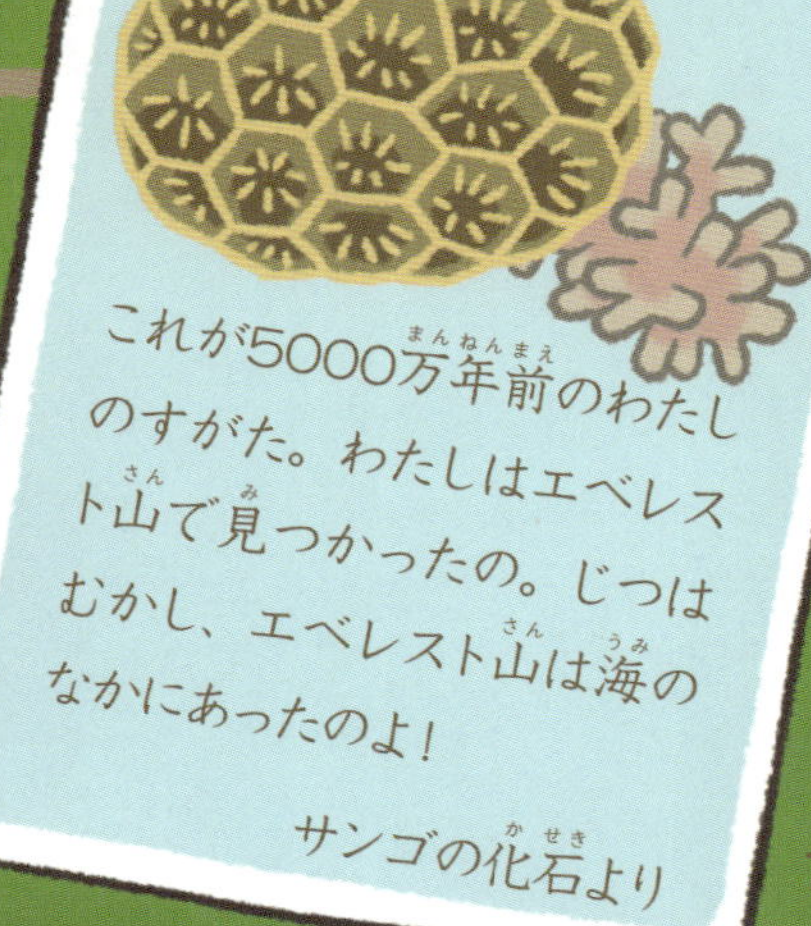

の。科学者たちは化石を調べて、このメッセージを読みときます。

科学者は、がけの地層がくずれたところで、地層のはへんを注意して見ていき、化石を発見します。

地層

すなやどろ、火山灰などが、長いあいだ積み重なってできています。地層のなかに化石がとじこめられていることもあります。

化石はかこからとどいたメッセージ

元気？　1億4500万年前のおれのすがたを送るね。いまもむかしも、ぜんぜんスタイルかわらないだろ？

ゴキブリの化石より

ぼくは、大むかしの火山灰が雨つぶについて、豆つぶの形になった石。よく「雨の化石」といわれるよ。

火山豆石より

やあ！　恐竜がどれぐらい大きかったか見せてあげる。ぼくの歩はばから恐竜の歩く速さがわかるよ！

恐竜の足あとの化石より

○○億年前からのおくりものでーす。

なぜどうして大学

地球科学研究室

科学者は、化石と化石のとれた地層をてっていてきに調べます。そこから、その生き物の形やくらし、当時のかんきょうや生きていた年代をわりだすのです。

見たこともない化石だ！
調べましょう！

発見された地層を調べる！

地層にふくまれる火山灰やよう岩の年代から、化石の出た地層の年代をさぐります。また地層のつみ重なる順番から化石が古いか新しいかがわかります。

体のしくみを調べる！

骨のならび方をいまの生き物とくらべたりしながら、その生き物の体の形やしくみを考えます。食べたものが、化石としておなかにのこっていたら、何を食べていたかもわかります。

DNAを調べる！

その生き物の設計図であるDNAを化石からとりだせれば、いま、生きている生き物のどの種類ににているのか、調べられます。

このように、化石をいろいろな角度から調べると、たくさんのメッセージを読みとれます。
地層を調べた結果、海水では生きられない貝が多く見つかったので、川にすんでいた魚と考えられます。また、地層の火山灰のかいせきから、化石は5万年ほど前のものだとわかりました
この化石にかくされたメッセージとは……
化石を調べた結果、おなかに小魚が入っていました。頭の出っぱりからは、ちょうちんのように光るものがのび、魚をおびきよせて食べていたと考えられます
命名
チョウチンウオ
DNAかいせきの結果、サケのグループに近いなかまであることがわかりました！もしかしたら、川と海を行き来していたのかも！？
最近、羽毛のついたなかまの恐竜の化石がたくさん発見されているよ。だからぼくにも羽毛があったんじゃないかって話題になっているんだよ。ティラノサウルスより
いまも、新しい化石がつぎつぎと発見されています。研究が続けば、これまで信じられてきた生き物のすがたが、くつがえることもあります。
だから科学者は今日もどこかで化石をさがす……

すなつぶは、どうしてキラキラしているの？

海辺のすながキラキラとかがやいているのを見たことがありますか？

海のすなだけでなく、足もとのすなをすくって見てみると、すべてちがう色、ちがう形のすなつぶが集まっています。なかには、キラキラかがやく宝石のようなものが見えることがあります。

このキラキラのすなつぶは、いったいどこからやってきたのでしょうか？

石英
細長い柱などの形をした、とうめいなこうぶつ。すなはまのキラキラのほとんどは、この石英によるものです。

キラキラの正体は？

すなは、大きな岩石が細かくけずれたもの。なかには、「こうぶつ」という、岩石をつくるかたいつぶなどがふくまれています。太陽の光がこうぶつに当たることで、すなつぶはかがやきます。

石英ちゃんプレゼンツ！

キラキラのふるさとツアー

①
地球のなかでキラキラのもと「マグマ」ができる

地球のなかでは、岩石がとけてマグマができます。マグマには、石英をはじめ、さまざまなこうぶつの材料がふくまれています。

②
マグマが冷えて岩石のなかに石英が育つ

とけているマグマは、地下でゆっくり冷えたり、地表にふき出たりして、かたい岩石になります。地下でゆっくり冷える岩石のなかで、石英の材料が集まって石英ができます。

すなつぶと宝石はきょうだい!?

キラキラのすなつぶである石英は、ゆっくり時間をかけてきれいにかたまると、水晶というとうめいな宝石になります。

③
岩石が川に運ばれる

石英をふくむ岩石が長年、雨風や地下水にさらされているあいだに形がかわり、小石やすな、土やどろになります。これらはこう水のときに川から海へ運ばれるので、キラキラの石英も平地へやってきます。

やってみよう

すなつぶからすいりしてみよう！

すなはとれる場所によって、すなつぶの形や色がちがいます。手づくりけんびきょうで、身のまわりにあるすながどこでとれたものなのかをすいりしてみましょう。

用意するもの

・ビニールぶくろ　・スコップ　・茶こし　・たらい　・じしゃく　・新聞紙
・白い紙　・スマートフォンやカメラ　・ルーペ　・ノート　・筆記用具
※ルーペは100円ショップでも売っています。ばいりつが高いものがおすすめ！

① すなを集めてあらう

公園や校庭などでスコップ1すくい分のすなを集めます。茶こしにうつして洗い、新聞紙にのせてかわかします。

② じしゃくですなを2つに分ける

かわいたすなを紙にのせ、下からじしゃくを近づけます。じしゃくを動かし、くっつくものとくっつかないものに分けます。

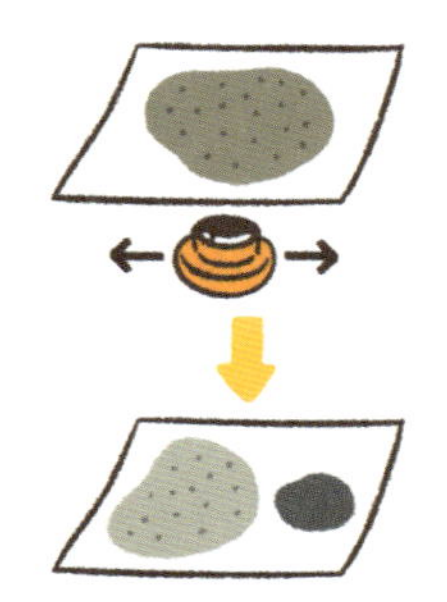

注意 場所によっては、すなの持ち帰りがきんしされています。あらかじめ役所やすなはまの管理事務所に確認してから行きましょう。

③ 手づくりけんびきょうで観察する

じしゃくで分けたすなを白い紙にのせ、その上にルーペをおきます。そのあと、スマートフォンなどのカメラをルーペの上において、手づくりけんびきょうの完成！のぞいてみましょう。

④ すなの特徴をくらべる

観察したすなつぶの形や色、大きさなどを観察して、どこから運ばれてきたすなかを、すいりしてみましょう。すなのずかんで調べたり、博物館の人に聞いてみたりすると、くわしいことがわかります。

公園でとったすな

つぶが小さくて丸いな。風で運ばれてるうちに、すりへったのかも？

すなはまでとったすな

サンゴのかけらや貝がらがまざっている。近くにサンゴしょうがあるのかな？

川原でとったすな

とうめいや白のつぶがキラキラしてる！水で運ばれてきたのかな？

じしゃくについたすな

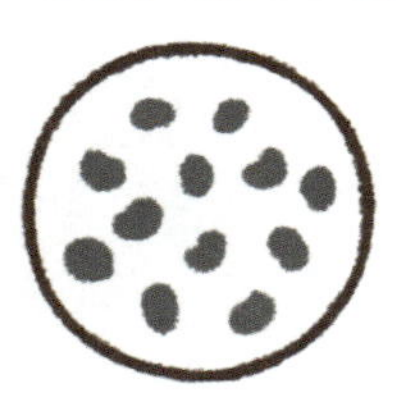

黒くて、なんだかかたそう！これが鉄！？

土のなかで、野菜はどうして育つの？

野菜は、種やなえを土に植えて育てられます。ただし、どんな土でもよく育つわけではありません。

野菜が育つ黒い土には、虫やミミズのほかに、「微生物」というとても小さな生き物が、数えきれないほどたくさんすんでいます。その数、なんと数億！

野菜が大きく元気に育つのは、じつは、この微生物のおかげなのです。

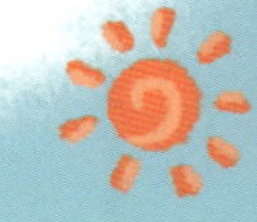

野菜はわたしたちがつくっています！
微生物

土から栄養分をとりいれるしくみ

植物は太陽の光と水、二酸化炭素を使って自分が使う栄養分をつくりますが、それだけでは足りません。そこで活やくするのが土のなかの微生物です。

①

ミミズやダンゴムシなどの生き物が、落ち葉などを食べてふんをします。

②

土の上にある葉っぱやふんは、土のなかのカビなどの微生物によって、どんどん細かくされ、栄養分となります。

③

微生物がつくった栄養分は、水にとけてから根っこにきゅうしゅうされます。

野菜は微生物から人へのプレゼント

人が生きるのに必要な栄養のうち、野菜からしか多くとれないものがあります。野菜ができるのも、栄養分たっぷりの土をつくる微生物のおかげです。野菜は微生物がわたしたちにくれる、プレゼントなのです。

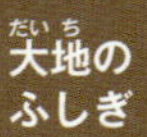

サバンナってどんなところ？ やっぱりきけん？

サバンナとは、アフリカなどに広がる草原で、雨が多い時期と雨がほとんどふらない時期がはっきり分かれた場所です。サバンナでくらす動物たちの一日をのぞいてみましょう。

朝

いちばんに水場に集まってくるのはゾウ。ほかの動物は、ゾウが水を飲み終わるまで待ちます。ライオンは狩りを終えて、ねどこにもどります。

昼

サバンナの昼はとても暑いので、ライオンなどの大きな肉食動物は、木かげで休んでいます。草食動物にとっては、安心して草を食べていられる安全な時間帯です。

鳥やシマウマなど夜中でも起きている動物はたくさん！
ゴクゴク
ゾウは、一日に200リットルもの水を飲まなければいけないので、夜中も水を飲み続けます。
チーター
時速110キロメートルでえものをおいかけます。
夜
すずしくなって、肉食動物の狩りの時間がはじまります。ライオンなどのネコ科の動物は、夜でもよく見えるので、狩りにこまりません。小さな草食動物にとって、一日でもっともきけんな時間帯です。
バチン！
カラカル
3メートルもジャンプして、空中の鳥をたたき落とします。
ライオン
メスが協力して狩りをします。
ねれるのはほんの数分！
ドドド

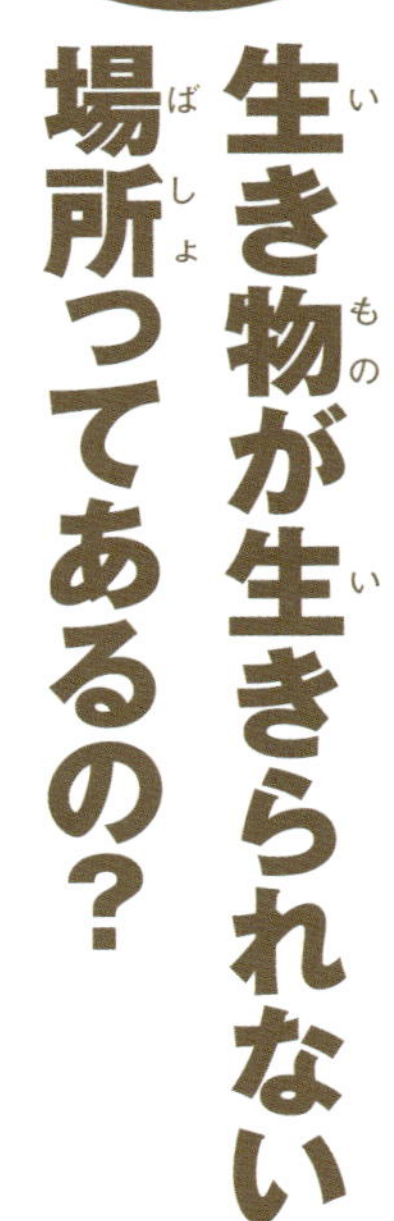

生き物が生きられない場所ってあるの？

地球上で生き物が生きられない場所は、ほんのわずかといわれています。しゃくねつのさばくや、酸素が少ない高山など、人間が生きるにはきびしいかんきょうでも、たくましくくらす生き物がいるのです。

㊙テク

年間に雨がほとんどふらない！

ナミブさばく

酸素が少なくとても寒い山

ヒマラヤ山脈

酸素がほとんどない石油の池

ラ・ブレア・タールピット

はじまりました！
「ためしてキョクゲン」
司会の神です

ためしてキョクゲン 生き物に学ぶ!

教えてもらおう! 極限にくらす生き物の

さばくのエキスパート
トリアンテマ・ヘレロエンシスさん

少しでも水をたくわえるために、根だけでなく、葉っぱからも水をすいとっています

高山のエキスパート
インドガンさん

人間とはちがい、血えきが酸素をたくさんとりこめるようになっているので、ヒマラヤ山脈でも飛べるのです

石油のなかで生きるエキスパート
セキユバエさん

コポコポ

子どものときは、石油のなかで生きられるような体のつくりになっています。石油に落ちてきた虫を食べて生きています

神様へのしつもんFAX

生き物ってどこにでもいるの?

答え
地球のなかのマグマには、さすがに生き物はいません。ただしマグマ以外でも、人間がまだ行けない場所はあります。科学が進歩していけば、生き物が生きている新しい場所が、もっと発見されるでしょう。

まだまだある！ 世界のふしぎな場所

世界には、みんながまだ見たことのないような景色がたくさんあります。地球がつくりだした、ふしぎな地へ行ってみましょう。

スタート！

むかしの地球を感じたい！ → YES / NO

むかしの生き物がつくる岩石
ハメリン・プール（オーストラリア）

約30億年前にシアノバクテリアが酸素をつくるときにできた、めずらしい岩石と同じようなものが見られます。

へんな形のものが好き！ → YES / NO

キノコのような形の柱
カッパドキア（トルコ）

キノコのような形の柱は、火山のふん火で出た火山灰が積もったあと、雨や風にけずられてできたものです。

暑いのより寒いほうが好き！ → YES / NO

冬だけ入れる！ バトナヨークトルのどうくつ（アイスランド）

バトナヨークトルという氷河の下には、どうくつがあります。寒い冬のあいだだけ、かべがこおって、どうくつに入れます。

山登りが大好き！ → YES / NO

巨大な水鏡
ウユニ塩湖（ボリビア）

富士山と同じぐらい高いところにある塩の湖。はるかむかしに海底がもり上がったとき、海水が山の上にのこったので、塩の湖になったといわれています。

自分は、こわいものしらずだ！ → YES / NO

美しくもきけんな青の火山
イジェン山（インドネシア）

イジェン山からふきでている「いおう」をふくむガスは、もえるときに青色にかがやきます。このいおうは体にとってどくなのできけんです。

NO → ほかにさがしてみよう！

日本から行くには?

飛行機と自動車で約24時間。日差しが強いので日焼け止めを持って行くとよいでしょう。

飛行機で約14時間。寒いのであたたかい服を着て行きましょう。

飛行機とボートで約25時間。雪山用のすべらないくつや、手ぶくろが必要です。

飛行機とバスで約40時間。高いところにあるので、酸素ボンベを持って行きます。

飛行機で、山のふもとまで約20時間。火口に行くなら、ガスマスクなどの特別なそうびが必要です。

なんで虫の体はカラフルなの？

赤に黒の水玉もようのテントウムシに、赤、青、黄のきれいなもようの羽をもつチョウ……。身のまわりにいる虫の体は、とてもカラフルでおしゃれです。

TOP SECRET
キレイな虫のひみつファイル

ファイル No.2
エサキモンキツノカメムシ
背中のハートマークは、「食べたらくさいぞ！」マークだから覚えておいてくれ！　かわいいからって近づくと、くさくてたいへんだぜ！

クーサイ！

ファイル No.1
ナナホシテントウ
わたしの赤と黒の水玉もようは、「食べたらまずいぞ」っていうマーク！　食べられそうになったら、あしの関節からくさいえきを出すよ。そのことを覚えてもらうために目立たせているの！

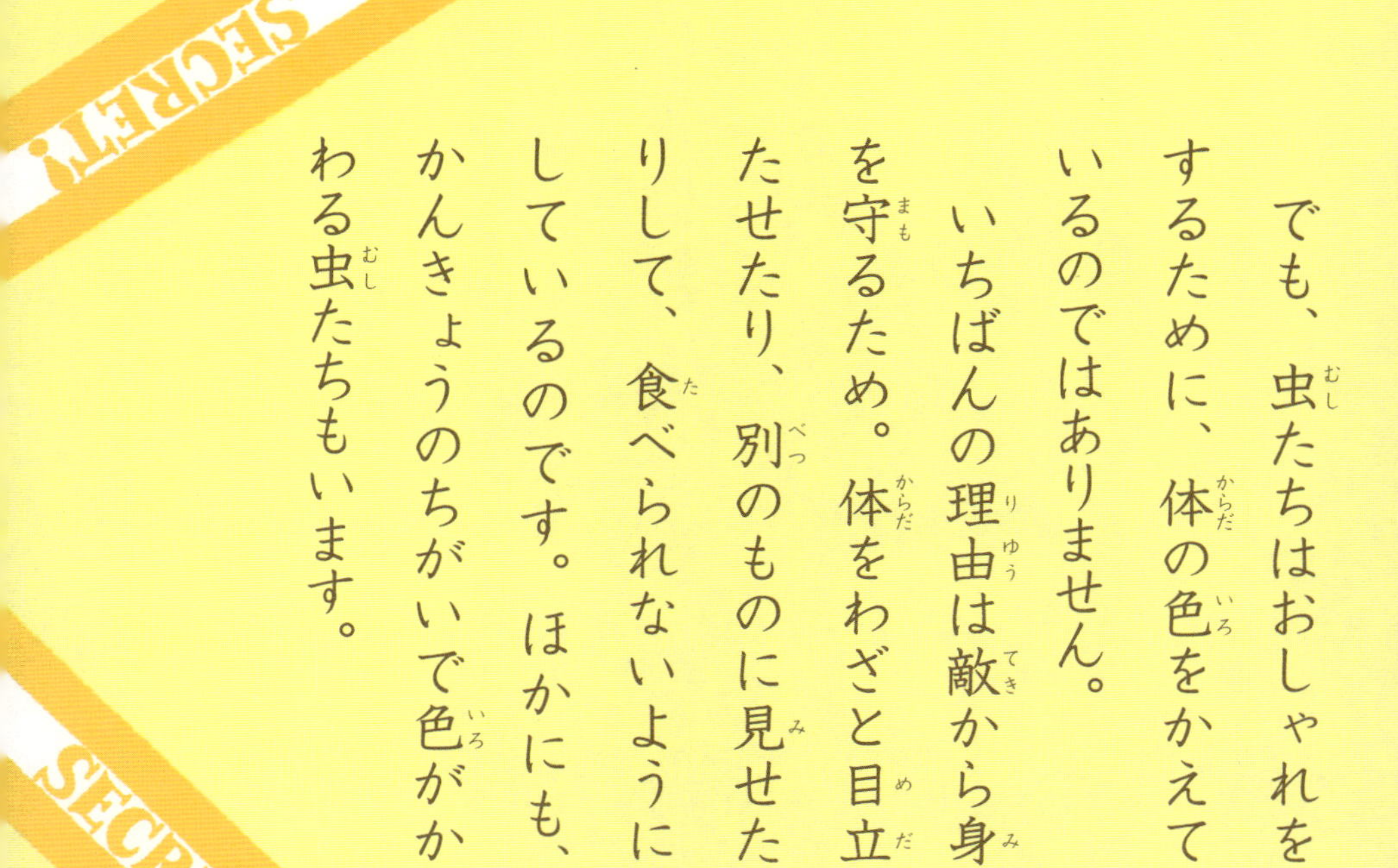

でも、虫たちはおしゃれをするために、体の色をかえているのではありません。いちばんの理由は敵から身を守るため。体をわざと目立たせたり、別のものに見せたりして、食べられないようにしているのです。ほかにも、かんきょうのちがいで色がかわる虫たちもいます。

ファイル No. 4

サカハチチョウ

ぼくらのはねのもようは、太陽の光に当たる時間の長さや気温によってかわるんだ。ぼくらのほかにも、アゲハチョウやモンシロチョウなど、はねのもようや色がかわるチョウがいるよ！

ファイル No. 3

モルフォチョウ

わたくしのすむ南国はとても暑いのです。だからこの青く美しいはねのかがやきで、太陽の光を鏡のようにはね返して、体が暑くならないようにしているのです！

虫はかくれんぼの名人

じつはこの森のなかに、かくれんぼ名人の虫たちがかくれています。虫たちは、忍者のように身のまわりのものとそっくりのすがたに変身することで、敵にねらわれないようにしているのです。いくつ見つけられるかな？

答え　①ハナカマキリの幼虫（花のマネ）②ナミアゲハの幼虫（鳥のふんのマネ）③オオコノハムシ（かれ葉のマネ）④エダナナフシ（えだのマネ）⑤バラノトゲツノゼミ（トゲのマネ）⑥キノカワガ（木のみきのマネ）⑦オオコノハムシ（葉っぱのマネ）

地底人っていないの？

いまのところ、地底人はまだ見つかっていません。

でも、地球には、人間が足をまだふみ入れていないところがたくさんあります。

こうしたまだ見たことのないところにたいして、人間はむかしから別の世界やふしぎな生き物がいるので

そうぞうから生まれた生き物

クラーケン

ヨーロッパの海にいるまもの。体長が2キロメートルもあり、近づいたふねを長いしょく手でだきかかえて、しずめます。その正体は、ダイオウイカではないかともいわれています。

地底人

地下には小さな太陽があり、その力をもとに地底人がくらしているといわれています。

はないかと想像をふくらませてきました。最近では、地下1000メートルの酸素のない世界にも、生き物がいるとわかってきています。想像の世界や生き物たちにも、いつか会える日がくるかもしれませんね。

ドラゴン
ヨーロッパとアジアでは、すがたがちがいます。あくまのつかいだったり、神様の化身だったりします。
雪男イエティ
エベレスト山にいるといわれる全身が毛でおおわれた、人のような生き物。身長が3メートルもあり、力もち。
人魚
世界中の海にいるといわれ、人魚の肉を食べると年をとらず死なないという伝説があります。「マナティ」という動物のなかまと見まちがえたという説も。
せいれ

石をみがいてMY宝石をつくろう！

ダイヤモンドのような宝石は、原石となる石をみがくことでかがやきます。じつは、道ばたにころがっている石もていねいにみがけば、ピカピカになります。みんなも石をみがいて、お気に入りのMY宝石をつくってみましょう。

用意するもの

・油性ペン　・新聞紙　・ノート　・石のずかん　・たらい　・耐水ペーパー（＃80、＃240、＃800の3種類）※
・古い布（目がこまかいものがよい）
※みがく道具は、ホームセンターでそろいます。

1 石をさがしに行く

川原や海岸で親指くらいの大きさのきずの少ない石を見つけましょう。石を見つけた場所や近くの石のようすもメモしておきましょう。

石を新聞紙でくるみ、とった日づけと場所を書いておけば、べつの石とまざりません。

注意！
かならずおうちの人といっしょに石をとりに行きましょう。場所によっては、石の持ち帰りが禁止されているので調べてから行きましょう。

2 とってきた石の種類を調べる

同じ川でとってきた石でも、でき方によって種類がちがいます。とってきた石がどの種類なのか、ずかんで調べて、ノートにまとめましょう。

3 石をみがく

たらいに水を入れます。耐水ペーパーに軽く水をつけ石をみがきます。なめらかになれば、MY宝石の完成!

はじめは#80の耐水ペーパーで、大きなでこぼこやきずが目立たなくなるまでみがきます。

#240、#800の順番で、耐水ペーパーで石をみがきます。

なめらかになってきたら、布でよくふく。

4 MY宝石でお気に入りのものをつくる

MY宝石をアクセサリーにしたり、小物入れのかざりにしたりするなど、自分のお気に入りのものをつくりましょう。

つくったものと、ずかんで調べたMY宝石ノートをみんなにしょうかいしましょう。

石の標本に！

メモをおく文ちんに！

きれいだから、ひもをつけてペンダントに！

石とアクセサリー用の金具をとりつけるときは、石用の接着剤が必要です。ホームセンターで相談してみましょう。

小物入れのふたにつけてみてもいいかも！

なんかふしぎな力がありそう！お守りにしよう！

空（そら）のふしぎ

どうして雲の上を歩けないの？

空の上にふわふわとうかぶ雲。のれたら、とっても楽しそうですね。でも、残念ながらそれはできません。なぜなら雲は、お湯をわかすときにやかんから出る、湯気と同じものだからです。

雲も湯気も、とても小さな水のつぶが集まってできたも

雲のなかではこんなことが起きている！

太陽であたためられた海や川の水は、目には見えない、水じょう気という小さな水のつぶになって、空にのぼります。雲は、これが上空で冷えて、目に見える大きさの水や氷のつぶになったものです。このつぶが、くっついて重くなると、雨や雪となって地上にふるのです。

ぼくは、水のつぶ！

ぼくは、氷のつぶ！水のつぶがさらに冷やされてできた！

わたしは、こおりにくい水のつぶ！ ゆっくりと冷えたからこおりにくいの。
でも、だれかとくっつくと、すぐこおるけどね！

えいっ!!
ズボッ
びしょびしょ

の。ひとつぶでは小さすぎて目に見えませんが、たくさん集まると白く見えるのです。

雲がうかんでいるのは空気の流れのおかげ

雲は、上向きの空気の流れがある場所で生まれ、これに支えられて、うかんでいます。これが支えきれないぐらい重くなると、雨や雪となり落ちてきます。

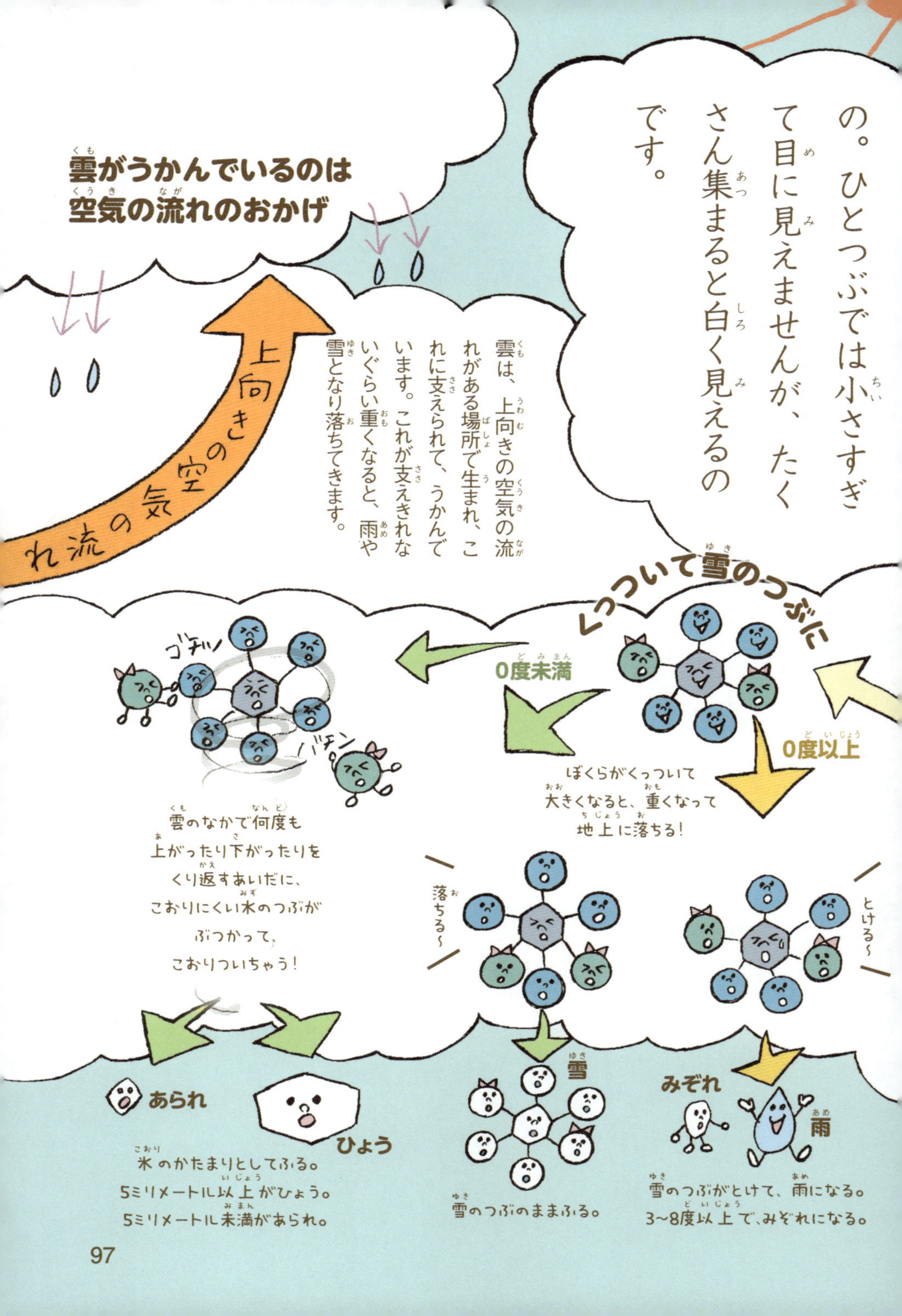

ぼくらはみんな水でできている？

雲は100%水でできています。
でもじつは、わたしたちのまわりの
あらゆるものは、
水をふくんでいます。
どれくらいの水があるのか、
見てみましょう。

水はぐるぐるとめぐっている

水は形をかえながら、地球上をぐるぐるとめぐっています。じつは水がめぐるルートのなかには、わたしたちの体もふくまれます。飲んだ水は体内にたくわえられ、いらなくなればおしっこになって外に出されます。もし、水がめぐらないと、血の流れが悪くなり人は死んでしまいますし、地球もかわいて死の星になってしまいます。流れる水は、生き物が生きるのに必要なそんざいなのです。

あたためられて空へいく

下水処理場できれいにしてから川に流し、海へ

雨水がじょう水場できれいになって

おしっこになって

飲み水に

きり　水100%

きりは、地面の近くで空気中の水じょう気が冷やされて水のつぶになり、目に見えるようになったもので、雲と同じものです。

空気　水60%

空気中の水分は温度により、ふえたりへったりします。これをあらわしたのが「湿度」。日本の平均湿度は約60%です。

おとな　水60～65%

たく前の米　水25%

キュウリ・レタス　水90%

肉　水50%

氷　水100%

ゆっくり動く雲と速く動く雲があるのは、どうして？

青空をぼんやりながめると、ほとんど動かないのんびりやの雲もあれば、びっくりするほど速く流れる雲も見られます。このように雲の速さがちがって見えるのは、雲のうかんでいる高さがちがうからです。

電車や車の窓から見た外の景色を思い出してください。自分は同じスピードで動いているのに、窓にうつる近くのものは速く動き、遠くのものはゆっくり動くように見えます。これと同じことが雲でも起きているのです。

でも、じっさいの雲の速さは少しちがいます。

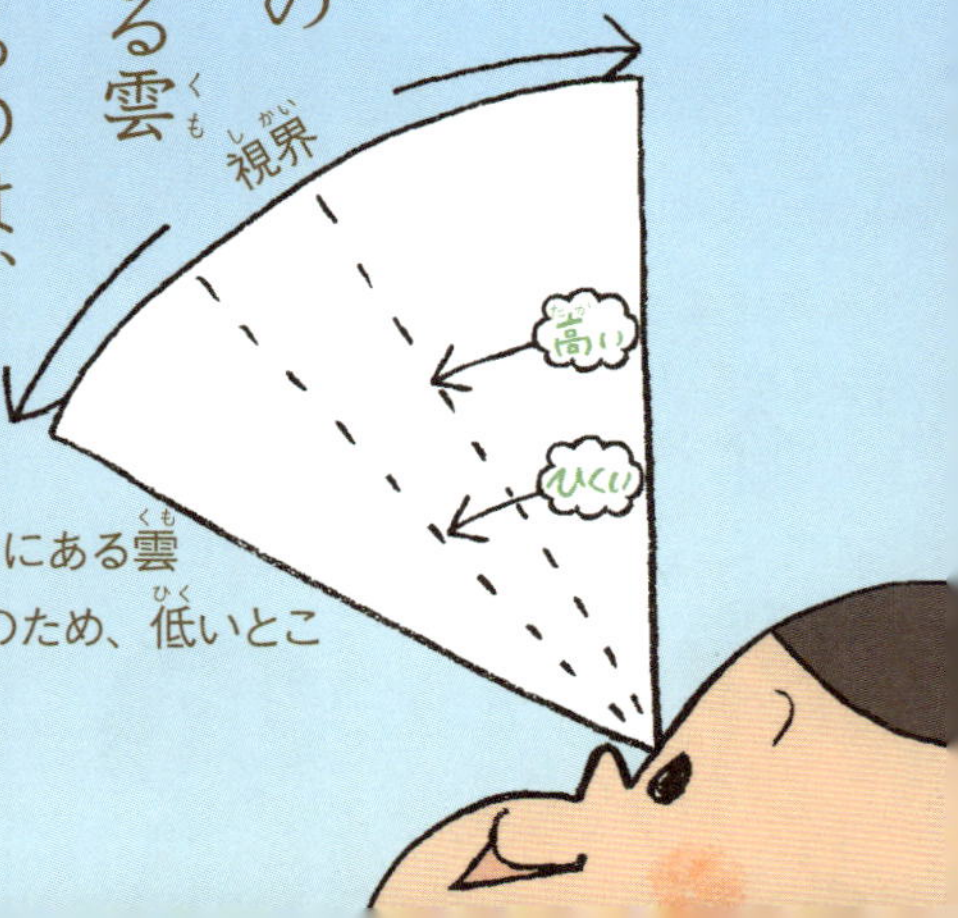

低いところにある雲は自分に近いため、高いところにある雲よりも、視界をたくさん動いたように見えます。そのため、低いところにある雲のほうが、速く動くように感じるのです。

空の高さでわかる！じっさいの雲の速さ

雲は上空の風にのって流れています。風は、高いところほど強くふくため、じっさいは、高いところにできる雲ほど、速く動くのです。

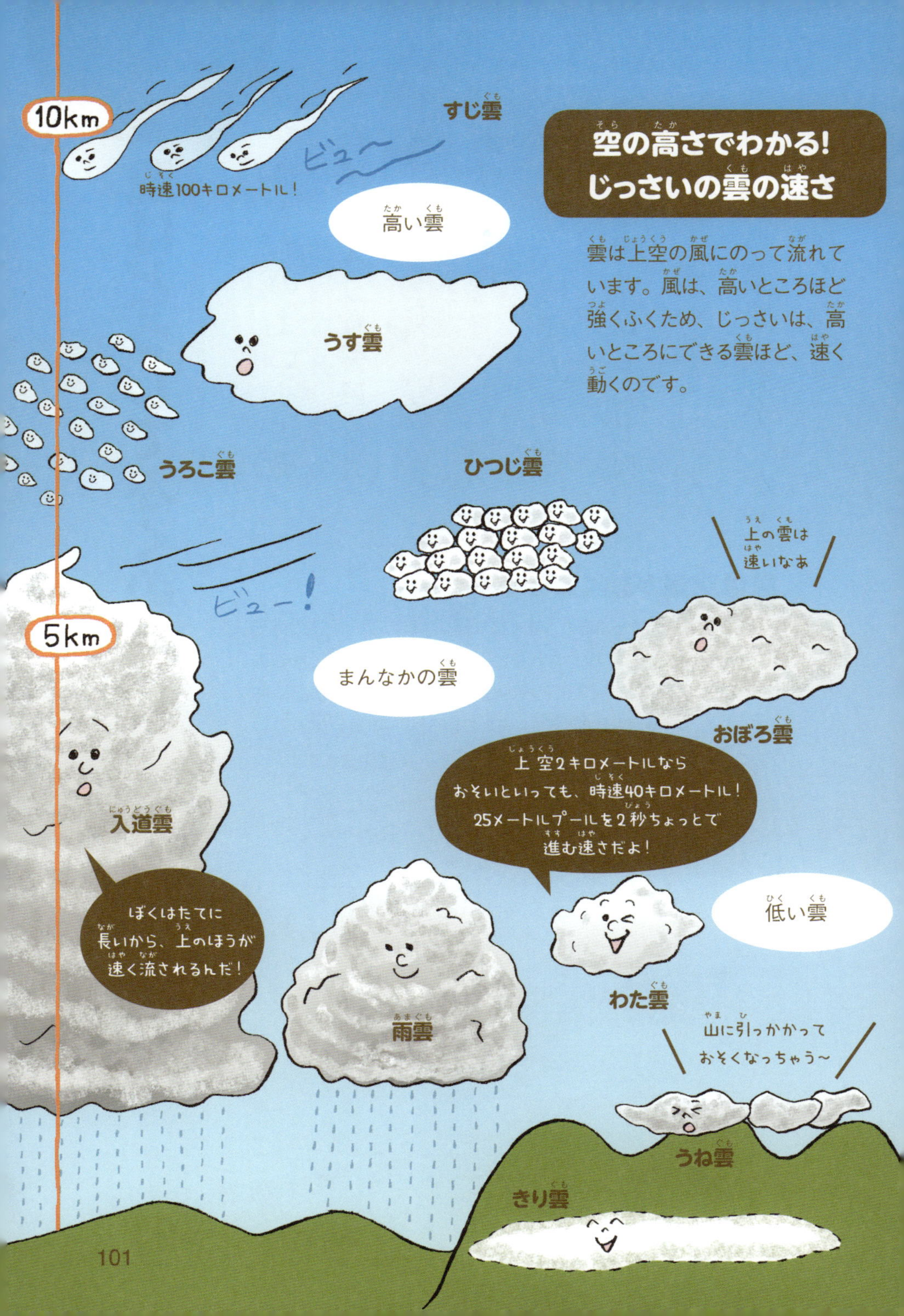

風はどうしてふくの？

気もちのよいそよ風、台風のような強風など、風といっても、いろいろありますね。

でも、地球上でふいている風のほとんどは、強い風も弱い風も、みんな空気の温度のちがいから生まれるのです。

風は空気が動くことでふく

空気は、あたためられるとうすくなり軽くなるので、上にのぼっていきます。反対に冷やされると、空気はこくなり重くなるので下におりてきます。このときのぼった空気やおりていった空気のあとに、まわりから別の空気が流れこむことで、風は生まれます。

風は旅人

風は、地球のありとあらゆるところをめぐっています。風がどこを旅しているのか見てみましょう。

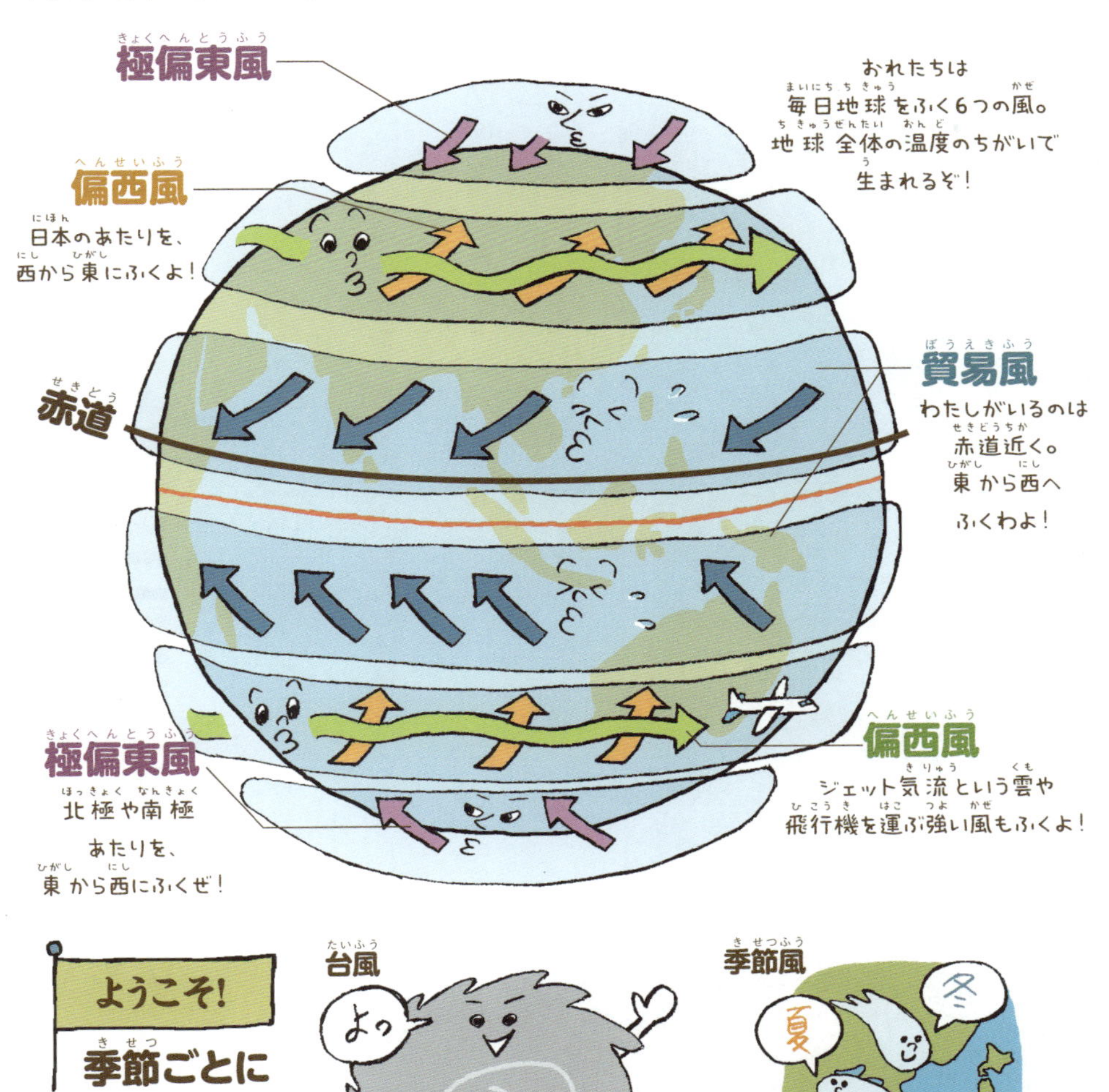

ようこそ！ 季節ごとにおとずれる風たち

台風

よっ

入道雲が集まってできた大きなうずまき。
うずまきのまわりは強い風がふいている。

季節風

夏

冬

夏は海から陸へ、冬は陸から海へ、
季節によって向きがかわる風。

かみなりはどうしてゴロゴロいうの？

ゴロゴロ……、バリバリ！ドーン！
光とともに大きな音をたてるかみなり。どうして
こんな音が鳴るのでしょうか。それには、「静電気」
というなぞの電気が関係しているのです。

受けたい授業

金属のドアノブをさわったときなどに、パチパチッと鳴るのが静電気。かみなりもこの静電気から生まれます。じつは、ものにはすべて、小さな電気のつぶがふくまれていて電気の通りやすいものにふれると、たまにこの電気のつぶがはじかれて音が鳴るのです。

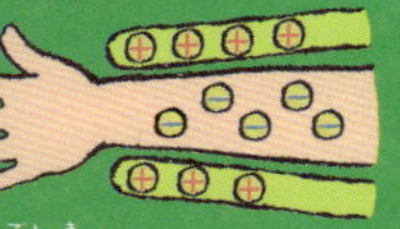

電気のつぶにはプラスとマイナスがある。ものがこすれると、このバランスがくずれて、静電気が生まれる。

静電気をためたまま、電気を通すものにさわると、マイナスの電気のつぶが飛び出し、空気がふるえて音が出る！

バンバン

かみなりが生まれた場所までのきょりで音はかわるのじゃ。「ゴロゴロ」だと遠いぞ！

かみなりが落ちるまで
地球
かみなりおやじの世界一
1
静電気が生まれる
雲のなかの氷のつぶどうしが、ぶつかりこすれて静電気が起こります。電気のつぶをおびた氷のつぶは、雲の上と下に分かれてたまっていきます。
バチッ
バチッ
バチッ
ゴロゴロ
雲のなかで電気が流れる
2
雲の上と下にたまった電気のつぶのあいだで電気が流れます。このとき、空気がふるえて「ゴロゴロ」と音が出ます。
3
電気が地上に向かって流れる
雲の下にためきれなくなった電気は一気に飛び出し、地上へ向かってものすごい速さで流れます。このとき、空気がはげしくふるえ、「バリバリ!」「ドーン!」という大きな音が鳴るのです。
バリバリドーーン!!
かみなりのパワー
かみなりが空気中を通って落ちるとき、空気ははげしくふるえて熱くなるので、かみなりが通ったあとの空気の温度は3万度にもなります。

かみなりのすごさを見てみよう

むかしから人びとにおそれられたかみなり。さまざまな伝説が世界中にあります。

かみなり伝説

おそれられたゼウスのいかづち

世界にもかみなりの神様はいます。ギリシャ神話でいちばんえらいとされるゼウスも雷神です。手に持つのは、かみなりを自由自在にあやつる世界最強のぶきです。

かみなりが神様に!?

むかしの日本人は、大きなわざわいをもたらす風雨とかみなりを神様のしわざと考え、風神雷神としておそれていました。かみなりのことを、「神鳴り」ともいいます。

すごいぞ！

やっぱ、かみなりって
最強だな！

ブータンの
らいりゅう

かみなりが鳴ると かみなり様に おへそをとられる!?

日本でむかしから伝えられてきた話です。どうしてそういわれるようになったのでしょう？

いわれ①

かみなりから身を守るため前かがみになると、へそを守っているように見えるから。

ゴロゴロ

いわれ②

かみなりが鳴ると寒くなるので、夏に子どもがおなかを出して冷やさないよう注意させるため。

ピカッ

いわれ③

おなかのあたりに金属のお金を入れる人が多く、そこにかみなりが落ちやすかったため、へそがねらわれると考えられた。

かみなりの ようせい サンダーバード

アメリカに古くから住む人びとに伝わる伝説の大きな鳥で、かみなりを自由に起こすことができます。

ゴロゴロ

バリバリ

ピカッ

はばたきで、かみなりを鳴らし、目からいなずまを落とすっす！

にじはどうして七色なの?

むかしは三色とも五色ともいわれていたにじの色。いまも国によってちがいますが、日本では七色がふつうです。じつは、にじを七色といいはじめたのは、イギリスの学者、アイザック・ニュートンなのです。

光
赤
むらさき
カラフル〜♪
光をプリズムというそうちに当てると、なかを通っていくつもの色が出た！
太陽の光には、いろいろな色がまじっているんだ！
色によって曲がる角度がちがうから、色が分かれるのか！
色の数は…
1、2…
びみょうなものもあるけど、だいたい7つかな？

当時のヨーロッパでは、音楽は学問でした。

7はいい数字だし、音楽のドレミも7音だし……。

よし、太陽の光は七色にしよう！

太陽の光
七色に分かれる！

なかで光が曲がる
ニュートンは太陽の光が七色ならにじも同じ七色のはずと考えました。つまり、雨つぶがプリズムのかわりとなることで七色に見えるのが、にじだと気づいたのです。こうしてにじは七色といわれるようになりました。

世界が色づく自然のパレット

空にかかるにじのように、この地球は自然のつくった美しい色であふれています。これらの色はどのようにして見えるようになったのでしょう。

体パレット

人間の体では、黒いかみの毛が白くなったり、日焼けしてはだが黒くなったりして、色がかわることがあります。

かみの毛

「メラニン」という黒い色のもとがつまっているので、黒く見えます。メラニンがつくられなくなると、しらがになります。

植物パレット

秋になると、葉の色が赤や黄色にかわる木があります。これは、木が冬休みのじゅんびに入ったしょうこです。

黄色の葉

黄色の葉は、寒さで緑色のつぶがこわれて、もともとあった黄色いつぶが見えるようになった葉です。

大地のパレット

岩や土などをつくっている「こうぶつ」から、絵の具などがつくられています。

黄土

土から赤みがかった黄色がつくりだされます。

血

血のなかにある「赤血球」に、赤い色のもとが入っているので、血は赤く見えます。

孔雀石

アクセサリーにも使われる緑色の石を、くだくと絵の具になります。

金属パレット

金属は、種類によってもえるほのおの色がちがいます。花火は、火薬にさまざまな金属の粉をまぜて、色をつけています。

緑色の葉

緑色の葉には、木の栄養をつくる緑色のつぶと黄色のつぶがあります。緑のつぶが多い葉は、緑色に見えます。

赤い葉

葉でつくられた栄養が、そのまま葉にのこる木があります。この栄養は、太陽の光をあびると、赤く色がかわるので、葉は赤くなります。

晴(は)れた日(ひ)にほしたふとんは、どうしてふんわりしているの？

ほしたばかりのふとんにねころがると、ふかふかでとっても気(き)もちよく、いいゆめが見(み)られそうですよね。このしあわせは、太陽(たいよう)があたえてくれたもの。じつはねているあいだ、わたしたちはたくさんのあせをかいています。このあせでしめったふとんを、太陽(たいよう)の熱(ねつ)がかわかし、ふんわりふくらませてくれていたのです。

ほしたばかりのふとんは、ふとんに入(はい)っているわたなどの「せんい」が起(お)き上(あ)がっているので、ふんわりしています。

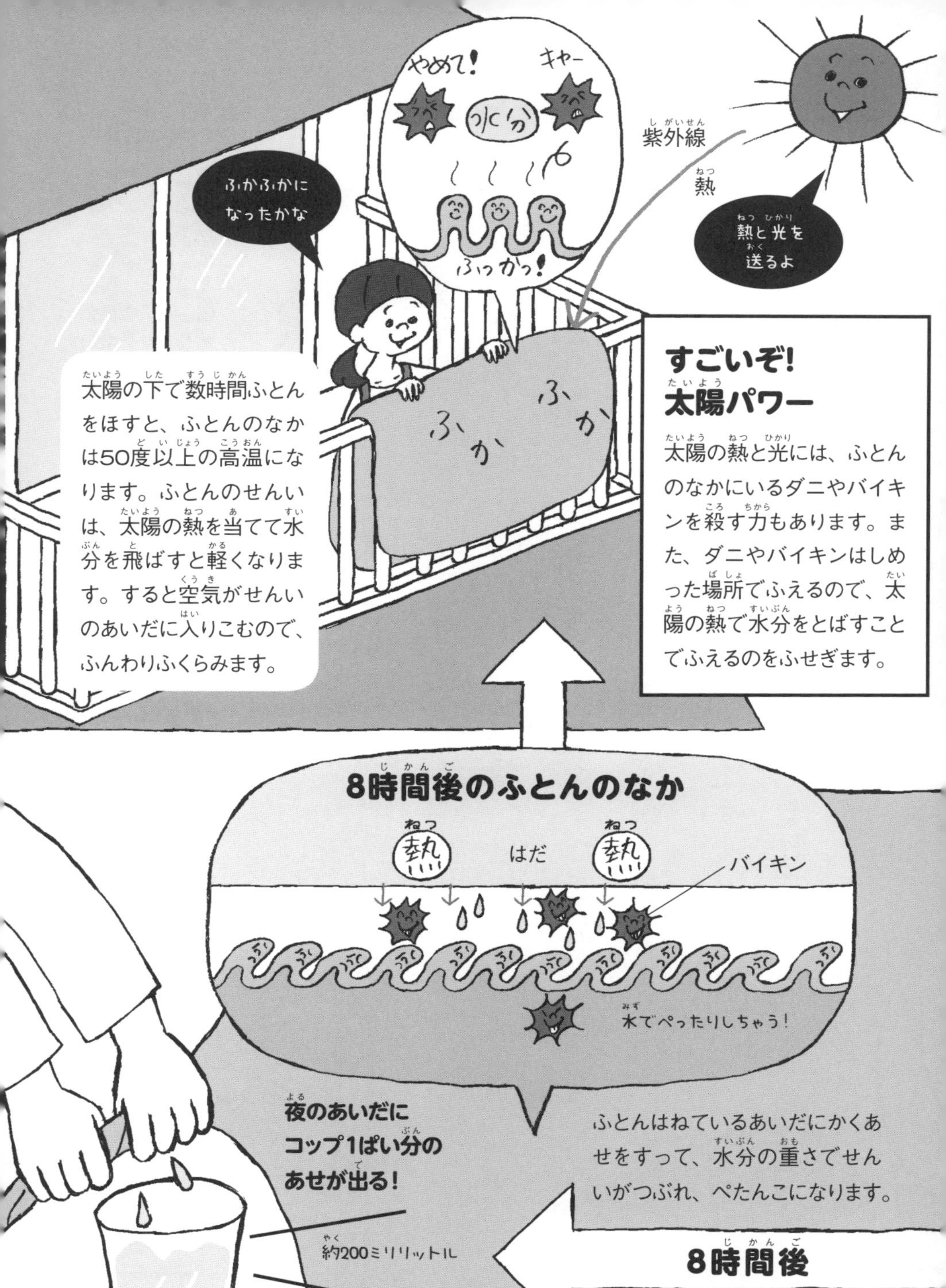

やめて!
キャー
水分
ふっかっ!
ふかふかに
なったかな
紫外線
熱
熱と光を
送るよ
すごいぞ!
太陽パワー
太陽の熱と光には、ふとんのなかにいるダニやバイキンを殺す力もあります。また、ダニやバイキンはしめった場所でふえるので、太陽の熱で水分をとばすことでふえるのをふせぎます。
太陽の下で数時間ふとんをほすと、ふとんのなかは50度以上の高温になります。ふとんのせんいは、太陽の熱を当てて水分を飛ばすと軽くなります。すると空気がせんいのあいだに入りこむので、ふんわりふくらみます。
ふ
か
ふ
か
8時間後のふとんのなか
熱
はだ
熱
バイキン
水でぺったりしちゃう!
夜のあいだに
コップ1ぱい分の
あせが出る!
約200ミリリットル
ふとんはねているあいだにかくあせをすって、水分の重さでせんいがつぶれ、ぺたんこになります。
8時間後

天気よほうは、どうしてときどきはずれちゃうの？

天気よほうでは晴れだったのに雨になっちゃった……。こんなこと、ありますよね。

天気は、ものすごくかしこい、スーパーコンピューターというきかいで調べられます。このきかいに集まってくるさまざまな場所のデータをもとに、気象よほうしが考え、天気をよそくするのです。むかしよりは的中しやすくなっていますが、それでもぜったいではないのです。

ぼくらがデータを　とどけるよ！

気象衛星

宇宙から、雲のようすや海面・地面の温度などを調べます。

ラジオゾンデ

気球で上空30キロメートルまで飛んで、空の気温や湿度、風速などを調べます。

アメダス

各地におかれたきかいで、地いきの気温や風速、風向き、湿度、雨量などを調べます。

スーパーコンピューターがデータをまとめます。

気象衛星の話では南から大きな雲がやってくるらしい

ラジオゾンデからのデータでは、上空の風がとても速くなっているとのことだ

アメダスによると南の地いきの湿度が高くなってきているようだ

きのうと同じような日はあっても　きのうと同じ日はない！

ただし、記録がとれない場所があったり、風や雲がとつぜんちがう動きをしたりするので、データはかんぺきではありません。データでわかるのは過去だけ。それをもとに人がよそくするので、どうしても外れることがあるのです。未来のことにぜったいはありません。

似たような日の過去のデータです～
1カ月の天気

本当はこんな意味だった！ 天気のことば

じつは天気を伝えることばには、意外な意味がかくされているものも多くあります。次のお天気ニュースのげんこうから、よく使われる天気用語の本当の意味をしょうかいします。

それでは、明日の天気です。北海道は、午前中はくもり、ところにより雨がふりますが、午後は晴れ間が広がるところが多いでしょう。青森から東京は、くもり、ときどき雨。一時、強い雨がふるでしょう。ところによりは

①くもり、ところにより雨

空の90％が雲でおおわれ、その地いきの半分以下の場所で雨がふっていること。

②晴れ間が広がる

雲は多いが、雲のすきまが多くなってくること。

③くもり、ときどき雨

空の90％が雲でおおわれるなか、雨がふったりやんだりして、雨の合計時間が12時間より短いとき。

④一時、強い雨

かさをさしてもぬれるほどのどしゃぶりの雨が、6時間より短い時間続く。

⑤はげしい雨

バケツをひっくり返したようなはげしさで、かさをさしてもぬれるほどふる雨。

⑥ぐずついた天気

くもりや雨、雪が2〜3日以上続く。

⑦はじめのうち
よほうする期間の、はじめの4分の1か3分の1くらいまでの時間。朝7時から夜中12時までのよほうの場合、昼の1時くらいまでのこと。

けっこう長い!?

⑧日がさす
雲の量が90%以上あるが、青空も見える場合。太陽は見えなくてもOK。

ほぼくもりじゃん!

⑨さわやかな天気
秋の、からっとした、心地よい気温の晴れた天気。夏や冬には使わない。

げしい雨もふり、⑥ぐずついた天気になりそうです。

静岡から広島は、⑦はじめのうちはくもり、その後、⑧日がさすでしょう。かさの心配はいりません。

福岡から沖縄は、⑨さわやかな天気が続きますが、⑩やや強い風がふくでしょう。太平洋側には⑪波浪注意報が出ていますので、ご注意ください。

⑩やや強い風
風に向かって歩きにくく、かさがさせない。ちなみに「強い風」は風に向かって歩けないほどで、たおされる場合もある。

⑪波浪注意報
高い波で、災害が起こる心配があると考えられるときに出される注意。

ハローじゃない!

息でふくらませた風船は、どうして飛んでいかないの？

息でふくらませた風船は、デパートなどでもらう風船のように、ふわふわうかびません。「息が足りないのかな？」と、さらに大きくふくらませても、やっぱりうかびませんね。これには重さが関係します。

わたしたちのまわりにある空気にも、重さがあります。このため風船のなかに入っているものが、空気より軽いとうかび、重いとうかばないのです。息は水分が多く、空気より重いので、うかびません。

では、空気より軽いものと重いものを見てみましょう。

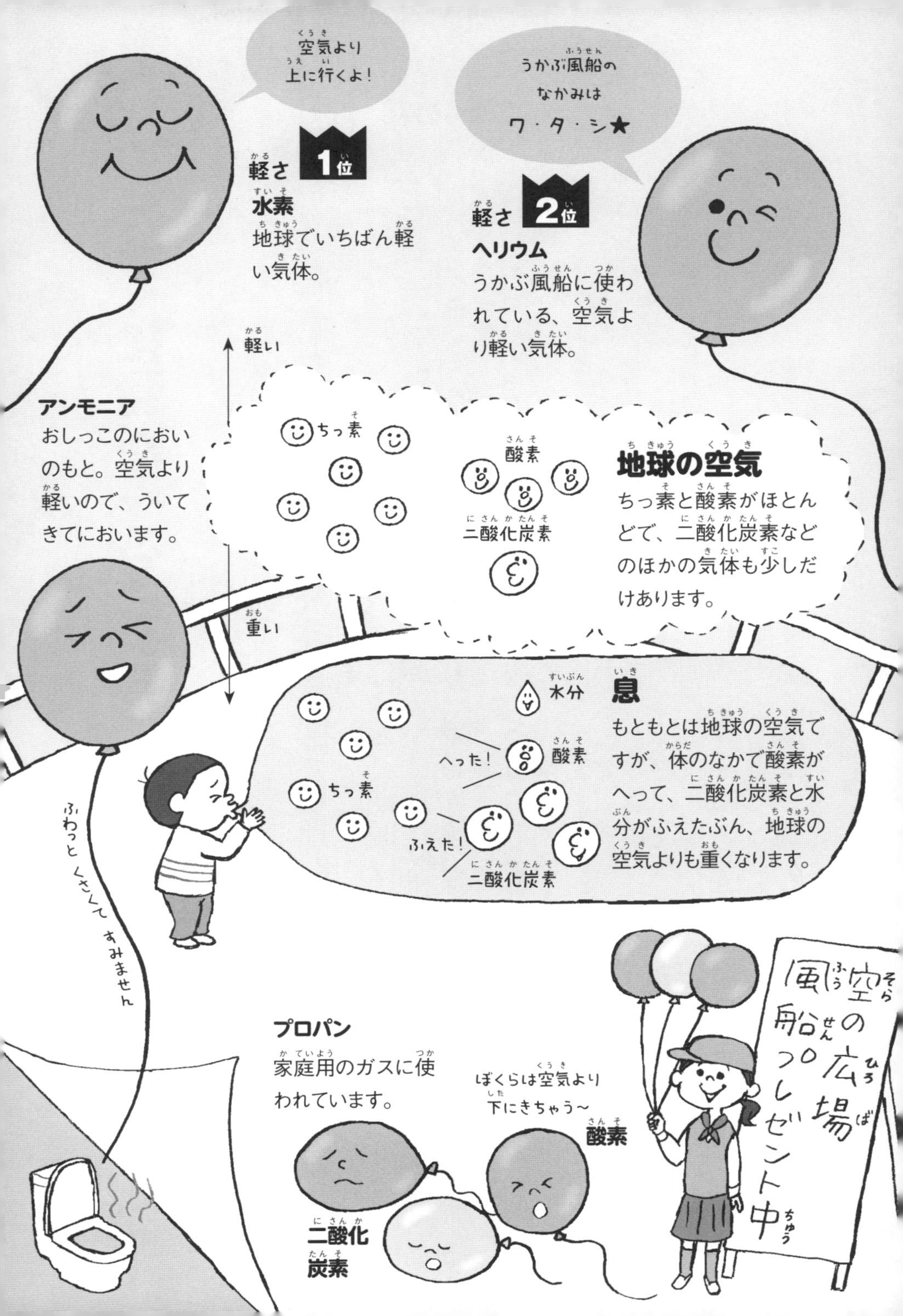

空気より上に行くよ！
うかぶ風船のなかみはワ・タ・シ★
軽さ 1位
水素
地球でいちばん軽い気体。
軽さ 2位
ヘリウム
うかぶ風船に使われている、空気より軽い気体。
軽い
重い
アンモニア
おしっこのにおいのもと。空気より軽いので、ういてきてにおいます。
ちっ素
酸素
二酸化炭素
地球の空気
ちっ素と酸素がほとんどで、二酸化炭素などのほかの気体も少しだけあります。
水分
息
もともとは地球の空気ですが、体のなかで酸素がへって、二酸化炭素と水分がふえたぶん、地球の空気よりも重くなります。
へった！
ふえた！
ちっ素
酸素
二酸化炭素
ふわっと くさくて すみません
プロパン
家庭用のガスに使われています。
ぼくらは空気より下にきちゃう～
酸素
二酸化炭素
風船の広場 空プレゼント中

さばくに雪がふることなんて、ないよね？

さばくの夏

さばくは、空気がかんそうして水分が少ないため、雲ができにくく、太陽の熱がそのまま地面にすいこまれて気温が高くなります。夏は、昼間だと45度以上になります。ただし、夜は、地面の熱が上空にすぐにげてしまうため、寒くなります。

いいえ、ふります。

すな地が広がる暑いさばくでも、期間は短いですが雨のふる時期があり、大雨になることもあるのです。

さばくも冬になると寒くなります。とくに、高地に広がるさばくは、気温が0度よりも低くなり、雨が雪になることがあります。

さばくの冬

モンゴルのゴビさばくは、海面より約1000メートル高いところにあります。冬には近くのヒマラヤ山脈に雲がかかり、山脈からかわいた冷たい風がふきつけ、夜はマイナス40度にもなります。そのため、雨は雪になり、すながこおることもあります。

サク
サク
鼻水もこおるよ！
足元はすべてしもばしらが立っているような感じ！

さばくの寒さをしのぐ家の工夫

ゴビさばくにくらす人びとの家には、寒さをしのぐ工夫があります。かわいた動物のふんをしきつめたゆかの上に板をおき、じゅうたんを何重にも重ねてあたたかくします。

屋根やかべは布をなんまいも重ねておおい、かべの下の部分にはさらに板をおいてすきま風が入らないようにします。

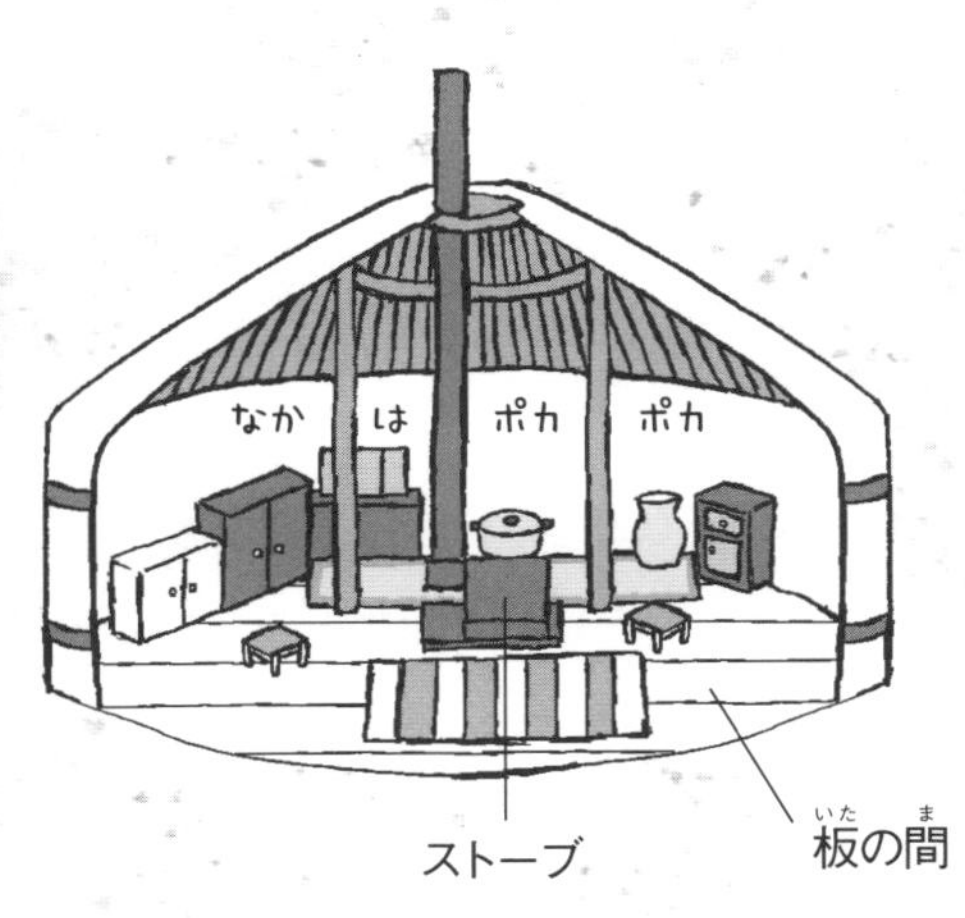

空のふしぎ
そうだ！
一年中あたたかいのはいいけど、食べ物をとるのにライバルも多いし、子育てが不安～！　どうしよう！？
南の国
植物も虫もたくさん。多くのミミズや微生物が落ち葉を栄養分にかえますが、すぐに植物に使われるので、土に栄養分がたまりません。
パクパクパクパク

ツバメは、なぜ春にやってくるの？

春になると、南の国から、はるばる日本にわたってくるツバメ。遠いのに、どうしてわざわざ日本にくるのでしょうか？

ツバメは、空を飛ぶ小さな虫を食べます。あたたかい南の国では一年中、虫を食べることができますが、うばいあいもはげしくなります。

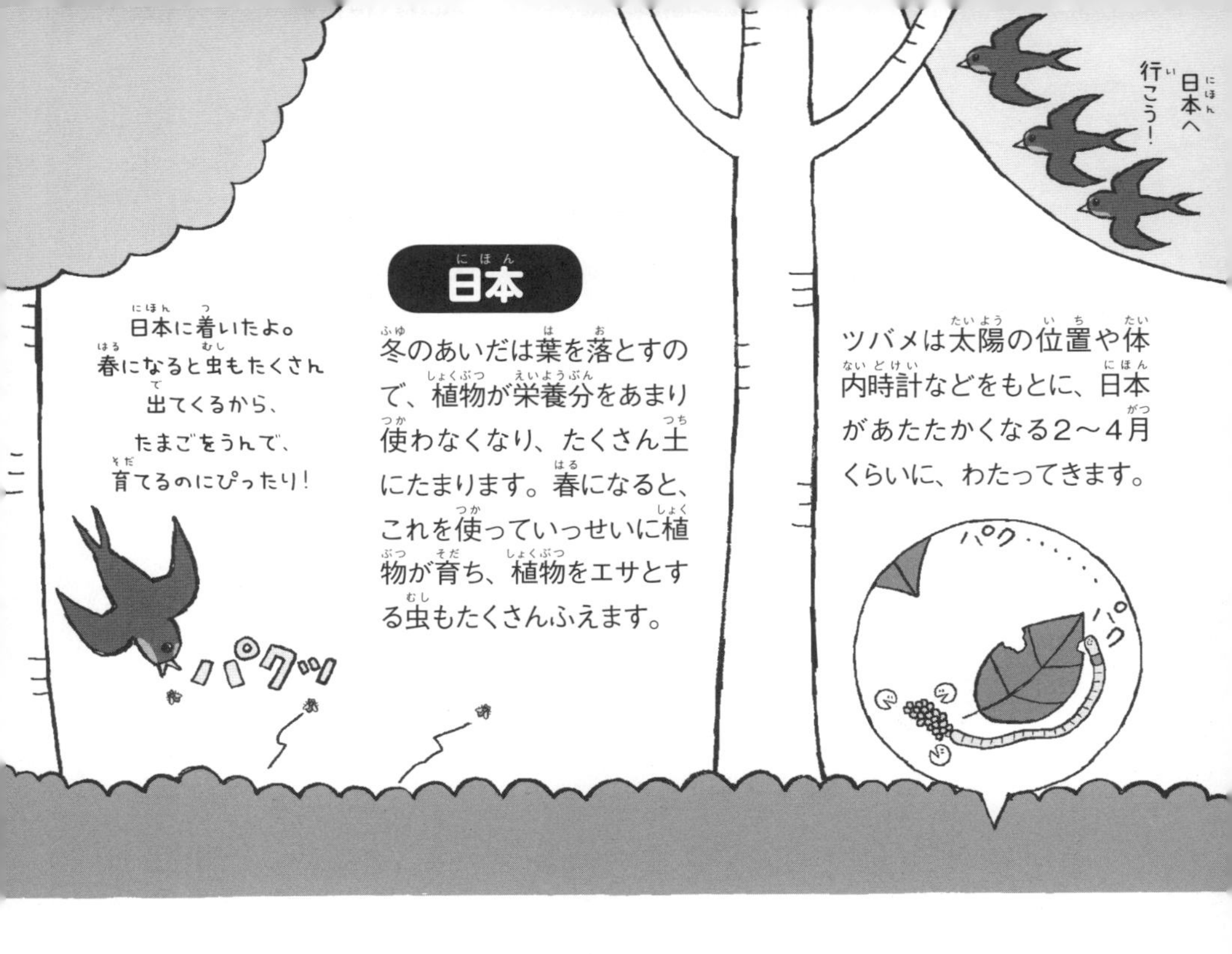

いっぽう日本は、寒い冬のあいだは虫が少ないのですが、春になりあたたかくなると、いっきに虫がふえます。そのため、ツバメたちは、エサが多くとれる春の日本にやってきて、そこで子育てをするのです。
日本がずっと春だったらよいのですが、また冬がやってきます。だから、ツバメは秋に、あたたかい南の国にもどります。

季節は空からやってくる!?

日本は、春夏秋冬のちがいがある国です。じつは、この4つの季節は、太陽によって決められているのです。

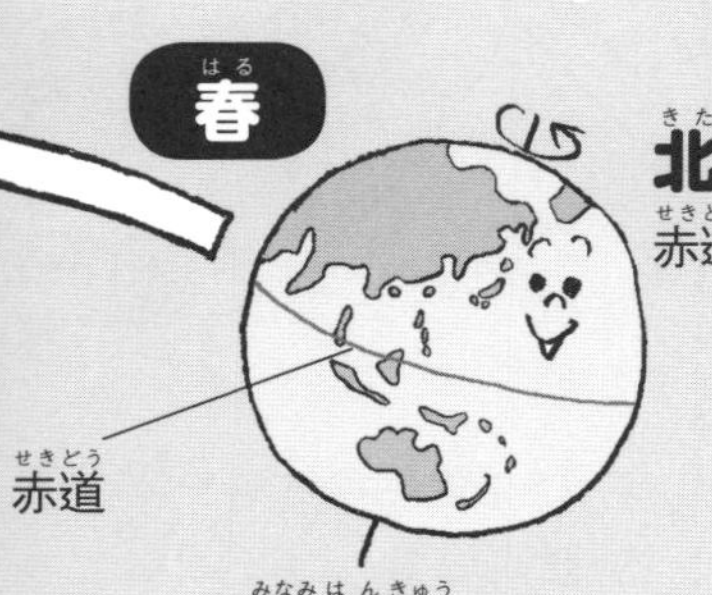

北半球

赤道より北側の部分。

赤道

南半球

赤道より南側の部分。

地球は、太陽のまわりを1年かけて回っています。じつは地球のじくはかたむいていて、1年のうちに太陽の光の当たり方がかわるのです。

地球の1年の動き

日本は北半球にあります。北半球が太陽から遠くなるとき、1日の太陽は低い位置までしかのぼりません。

太陽は低くのぼる

太陽がのぼる高さが低いと、光がななめから多く当たります。すると、光の当たる量が少なくなり、寒くなります。これが冬です。

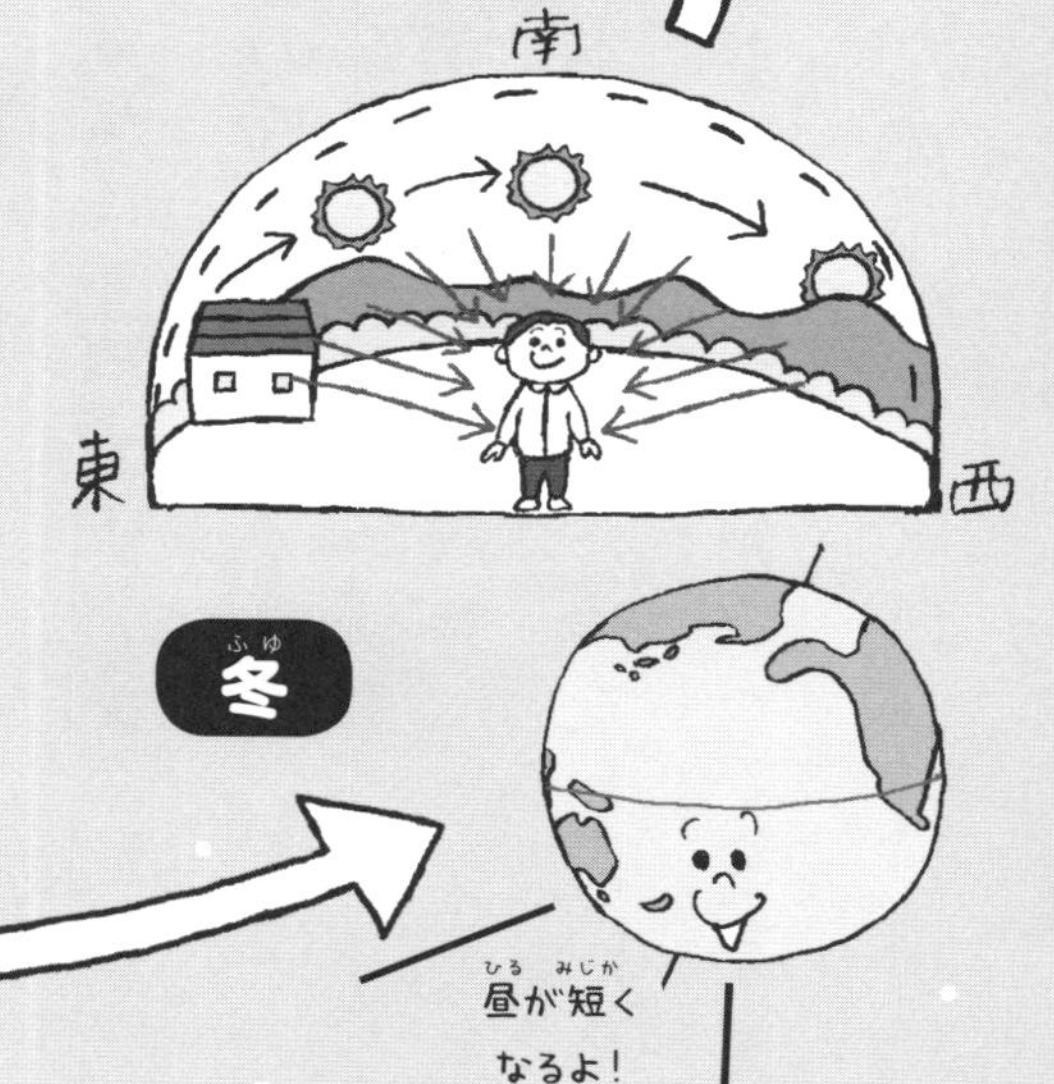

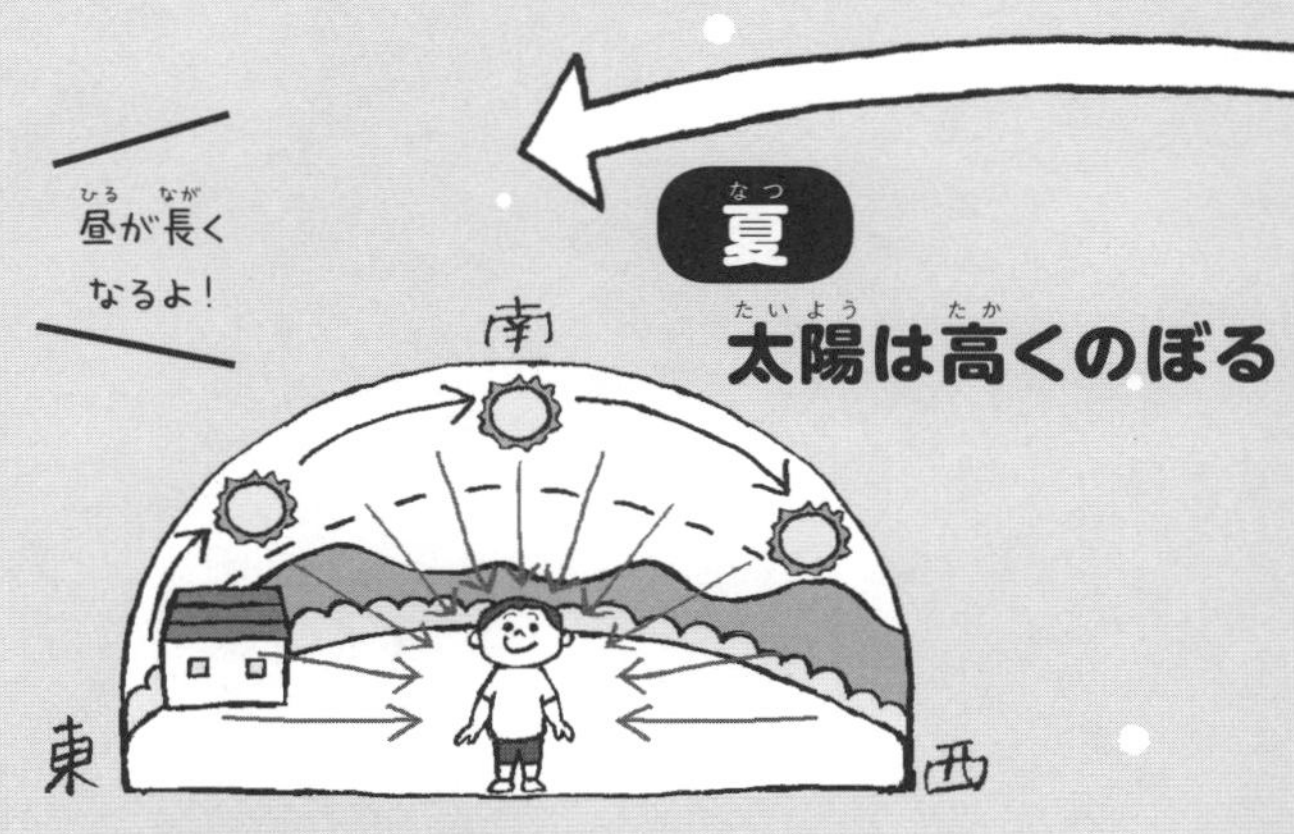

夏

太陽は高くのぼる

北半球が太陽に近くなるとき、北半球では太陽が高い位置までのぼります。そのため、光が真上からまっすぐ当たる時間が長くなり、暑くなります。これが夏です。

春と秋は太陽光と地球のじくが90度になるため、北半球と南半球に同じ量の光が当たります。このため春と秋は、昼と夜の長さが同じぐらいになります。

太陽の光の当たる角度により、うけとめられる光の量はかわります。この量が多いほど、地面はあたたかくなります。

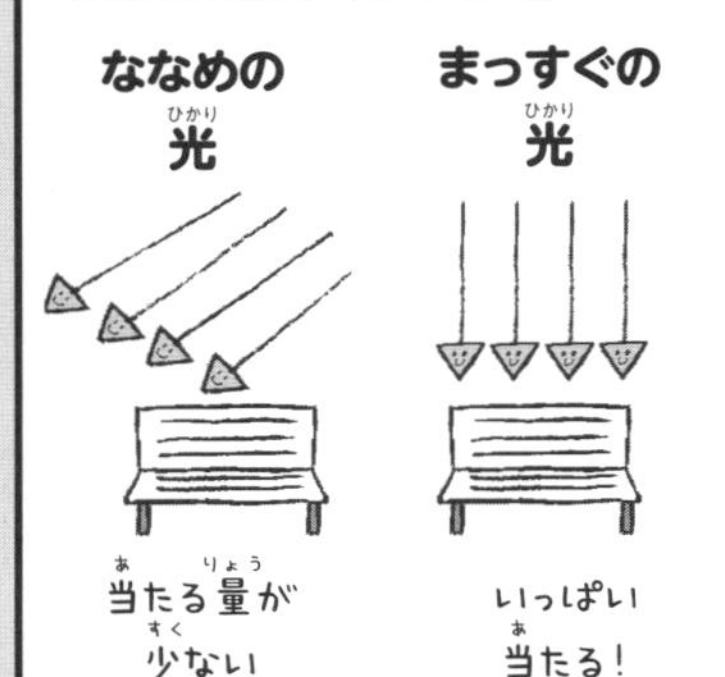

秋

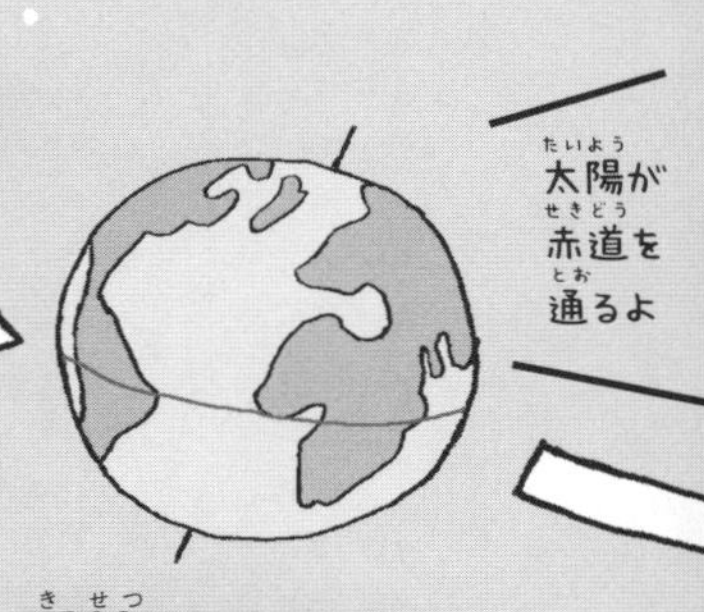

こうして季節はめぐる……

空のふしぎ

夜はどこまで続くの？

夜、ふとんに入ったけれど、なかなかねむれないときってありませんか？

しんとした、真っ暗な時間がいつまでも続くようで、ちょっぴり不安になるかもしれません。

夜は、太陽と地球がつくりだす時間です。

太陽の光は、いつも地球の半分だけにふりそそぎ、光が当たる昼の部分と、光が当たらずかげになる夜の部分ができます。

でも、だいじょうぶ。地球は一日に一回、回っているので、時間をおうごとに夜の部分は少しずつ動きます。そして夜が終わるしゅんかんは、空のはしっこから光がいっせいにふりそそぎ、美しい地球のすがたが見られます。

そう、地球が動いているかぎり、かならず夜は終わります。だから不安な時間も、かならず終わるときがくるのです。

オリジナル天気のことわざをつくってみよう！

日本には、むかしの人の経験からみちびきだされた、天気についてのことわざや言い伝えがあります。これらの理由を調べて、自分なりの天気のことわざをつくってみましょう。

用意するもの

・ことわざ辞典　・気象関係の本
・ノート　・筆記用具

1 天気のことわざとその理由を調べる

ことわざ辞典やインターネットで、天気のことわざや言い伝えを調べてノートにまとめます。
次にそういわれる理由を気象関係の本を使って調べます。

①ツバメがひくく飛ぶと雨が近い
理由
ツバメのえさとなる虫は、空気がしめっていると羽が重くなりひくく飛ぶ。雨雲が近いと空気がしめって虫がひくく飛ぶ。

2 ことわざが本当に当たるのか調べる

ことわざや言い伝えが、本当に当たるのかを調べるために、雲や動物、植物などをじっさいに観察しましょう。

ここでは、おもな例をしょうかいします。

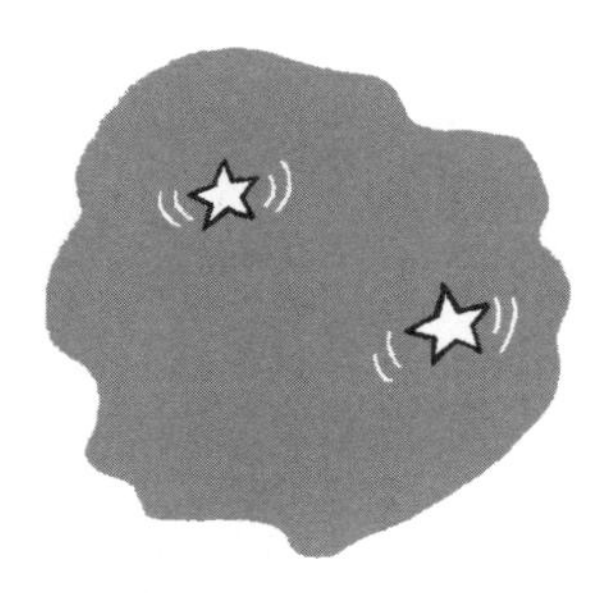

星がまたたいて見えると雨

これは、上空の空気の流れがみだれているからです。天気がくずれるサインです。

うろこ雲が出たら3日のうちに雨

うろこ雲は、雨雲になる前の雲なので、うろこ雲が出たら天気がくずれます。

飛行機雲がのこっていると雨がふる

雨雲が近づいて上空の空気がしめるため、飛行機雲がのこったままになります。

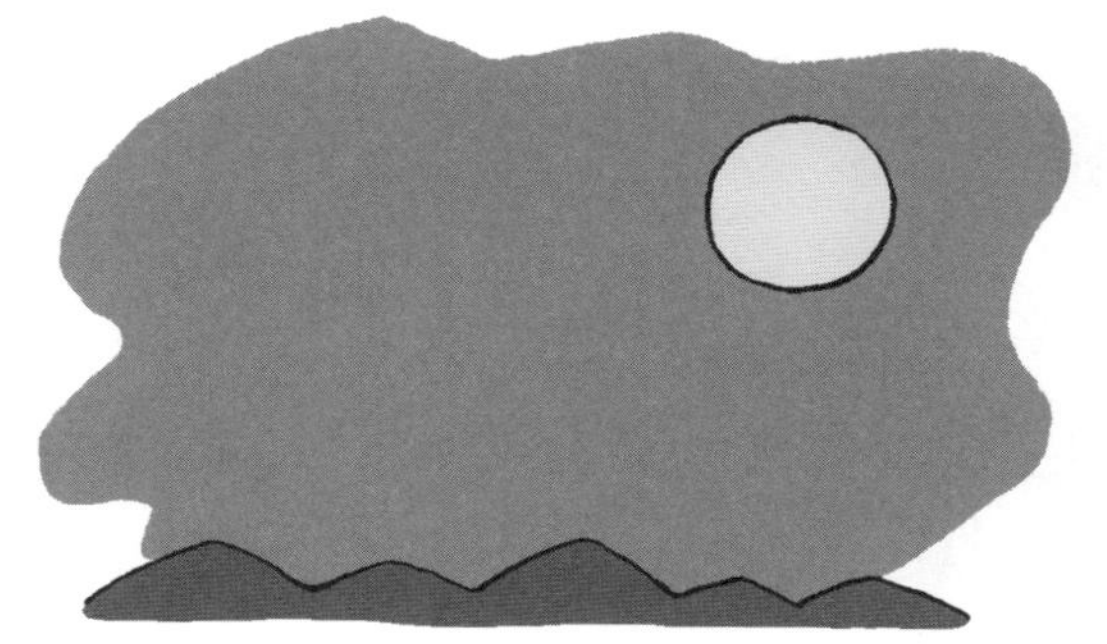

月が赤いと天気がかわる

雨雲が近づき空気がしめると、月の光が空気中の水じょう気に当たり、月が赤く見えるので天気がくずれます。

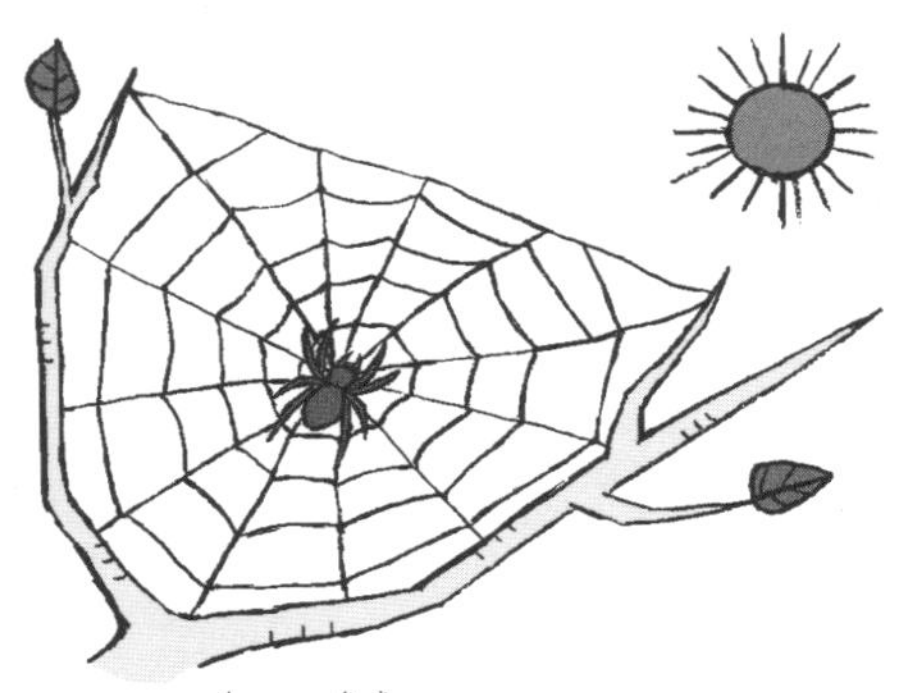

ハコベの花がとじると雨

ハコベという花は、空気中の水分が多くなると、花をとじてしまいます。「空気中の水分が多いので、そろそろ雨がふりますよ」というサインです。

クモの巣が朝かかっていると晴れ

クモは夕方から巣をつくりはじめますが、夜に雨がふるときは巣をつくりません。朝にクモの巣があるのは、その日が晴れるということです。

---

3 自分で天気のことわざを考え紙にまとめる

これまで観察した結果をもとに、自分なりの天気のことわざを紙にまとめて発表しましょう。そして、その日が終わったときに、自分がつくった天気のことわざが当たったかどうかをふりかえります。

けんたの天気のことわざ

●ミツバチがひくいところをとんでいたら雨

もとにしたことわざ

ツバメがひくく飛ぶと雨が近い

理由

ツバメが食べる虫にミツバチがいる。ミツバチがひくいところを飛んで

海(うみ)のふしぎ

海はどのくらい広いの？

青く広がる、大きな大きな海。遠くに見える海をながめていると、地球の大きさを少し感じられるかもしれません。

すべての海はつながっています。海の水は風に流され、そして冷たい場所へ向かって動き、海流とよばれる速く大きな水の流れをつくっています。

海流は世界中の海をぐるぐるめぐっており、これにのってたくさんの魚が遠い国の海

海の面積は約3億6200万平方キロメートル。これは25メートルプール約1兆5400億こ分と同じくらいの広さです。また海水の量は、約13億5000万立方キロメートルで、25メートルプール約5700兆こ分にもなります。

から日本へやってきます。

でもその海流が、世界中の海を1周するのには、なんと2000年かかるといわれています。それほどに、海は大きく広いのです。

むかしの海面は高かった!?

海面の高さは、むかしもいまもかわらないように思いますが、じつはむかしは海面がとても高い時期がありました。

たとえば、恐竜がくらしていた約6500万年前の海面は、いまより200メートル以上も高かったのです。

でも、いまから1万年ほど前のさいごの氷期は、いまより120メートルも海面が低かったとわかっています。海面の高さは時期によって大きくかわるのです。

海はとっても、はたらきもの！

海は地球にくらす生きものにとって、かけがえのないもの。わたしたちが知らないうちに海がはたしてくれている、ありがたい役わりをしょうかいします。

地球の面積の70%は海。強い太陽の熱で地球が熱くなりすぎないよう、海水が熱をためています。

地球の水分の97%は海にあり、生き物に必要な多くの水をためています。そして海水から水分がのぼって空気をうるおします。

海水から空へじょうはつした水分は雲になります。雲は風で流されて、広い場所に雨となって水をとどけます。

動物は塩分がないと生きていけません。海水から塩がつくられます。また海中では魚などの栄養となるプランクトンが多く生まれます。

海のふしぎ

波はどこからやってくるの?

海のむこうから陸へ進んでくるように見える波ですが、じつは海の水が進んでいるわけではありません。海の水はその場で上下しているだけなのです。

いったいどういう

① さいしょの波が生まれる

海面に風がふくと水が小さく上下してゆれます。この上下のゆれが水に伝わっていき、海面にしわのような小さな波(さざ波)が生まれます。

② 波が大きくなる

風がさらにふき続けると、さざ波は大きくなって、ギザギザした波(風浪)になります。

海のなかには、波とは関係なく、決まった方向にまとまって動く海水の大きな流れがあり、「海流」とよばれています。

ことでしょうか？波のしくみを見てみましょう。

さいしょの波は海のまんなかで生まれる！

地球には貿易風や偏西風といった、一年中同じ向きにふき続ける風があります。このような風が太平洋などの海のまんなかでふいて、さいしょの波が生まれます。波にはどこまでも伝わる力があるので、遠くはなれた日本まで一年中、その波がとどきます。

③ うねりが起こる

やがて風が弱くなると、波は丸みをおびます。上下に動いてゆれていた水が海の底にぶつかって、海中で大きく回る動きがくわわります。こうしてできた波が「うねり」です。

④ 波の形がくずれる

海岸の近くの浅い海では、大きく回る動きができにくくなり、波がくだけてあわ立ち、岸にうちよせます。

波のふしぎなミュージアム

風から生まれる海の波のほかにも、波とよばれるものはたくさんあります。

波

静かな水面にしずくを1てき落とすと、丸い波のもようがまわりに広がります。空間やもののゆれが、まわりに次つぎと伝わっていくことを「波」といいます。

電磁波

電磁波は、空間やもののなかをふるえながら通る波です。波の長さや1秒間にふるえる回数で、種類が分けられます。

光

電波
電話の声や機械のデータを送るときなどに使われる。

マイクロ波
電子レンジなどで使われる

赤外線
テレビのリモコンなどで使われる。

可視光線
電磁波のうち、目で見えるもの。

紫外線
日焼けのもとになる。

エックス線
レントゲンなどに使われる。

重力波

宇宙からとどくといわれるなぞの波。科学者のアインシュタインが、100年前に「ある」と予言し、最近になってアメリカで重力波かもしれないといわれる波が見つかりました。日本でも「KAGRA」という研究計画でたしかめようとしています。

音波

耳に聞こえる音は、空気をふるわせることで伝わります。これは音波という波の形であらわせ、音の種類で形がかわります。

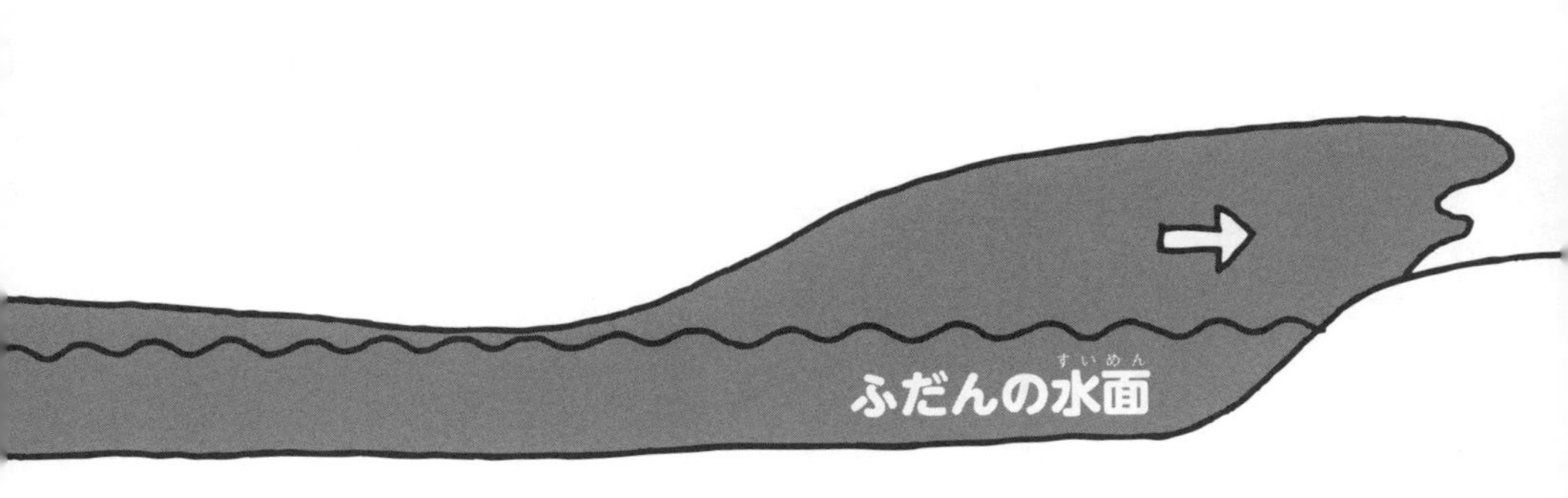

S波

P波

地震波

地震のゆれには、速く伝わるP波と、おそく伝わるS波があり、それらを地震波といいます。

津波

津波は、地震によって海の底から伝わったゆれで、水が大きく持ち上げられて起きます。風による波とちがい、海底から海面までの海水全体が一度におしよせます。

美しいウロコレ

なんで魚にはウロコがあるの？

魚の体は、キラキラと光る、うすくてかたいウロコでおおわれています。魚はこのウロコで、敵や寄生虫から身を守り、体に海水の塩分がしみこまないようにしているのです。でもウロコの役目はそれだけではありません。

わたしは、アジ。
わたしにしかないウロコがあるの。
きれいでしょ

それが、体の横にある「ぜいご」というウロコ！ センサーのはたらきをするのよ。

おっと！
おっとっと
これで波の動きや力を感じるから、みんなで動いてもぶつからない！

それに、わたしははらのウロコをキラキラさせて、水中の敵をまどわせるのよ。

古代の魚の体は、骨と同じかたい成分のものでおおわれていました。これが重くて動きにくかったので、少しずつうすくなったり細かく分かれたりして、ウロコになりました。そして、それぞれの魚が進化していくうちに、ウロコはいろいろなはたらきをもつようになったのです。

やってみよう

海のめぐみで部屋をコーディネートしよう

ウロコのほかにも、海にはきれいなものがたくさん。きれいな貝がらやおもしろい形の流木など、海のめぐみで部屋をかざりつけてみましょう。

用意するもの

・くまで、スコップ　・ノート　・筆記用具　・油性ペン、絵の具
・木工用ボンド　・金属用せっちゃくざい　・かざりつけに必要な折り紙やマスキングテープなど

海には、かならずおうちの人といっしょに行きましょう。

① すなはまに落ちているものをひろう

貝がらや流木、サンゴなどをひろいましょう。持ち帰ったものは、水であらってから、ほしてかわかします。

貝がらはすなにうもれていることもあるので、くまでやスコップでかき分けてさがします。

② どのように部屋をかざりつけるか考える

部屋を見わたして、かざりつけたい家具や小物を選びます。ひろったものを使って、どのようにかざりつけるかを考えて、ノートにまとめます。

③ ノートをもとにかざりつける

ノートに書いたかざりつけ案をもとに、貝がらや流木で家具や小物をかざりつけます。かざりつけたら、友だちに見てもらいましょう。

マグロはどうしておいしいの？

海に囲まれた日本ではおいしい魚がたくさんとれます。人気なのは、なんといってもマグロ。マグロはさし身やすしだけでなく、焼いたり、にたり、ツナかんにしたりと、食べ方もいろいろ。しっかりした食感とコクのある味は、みんなが大好きな理由のようです。

こういったおいしさのひみつは、マグロが広い海を泳ぎ続けてくらしていることにあります。くわしくは、本人に聞いてみましょう。

世界旅行がしゅみってほんとうですか？

しゅみというか、ライフワークだね。**600km**くらいをグルグルと、ずっと回っているよ

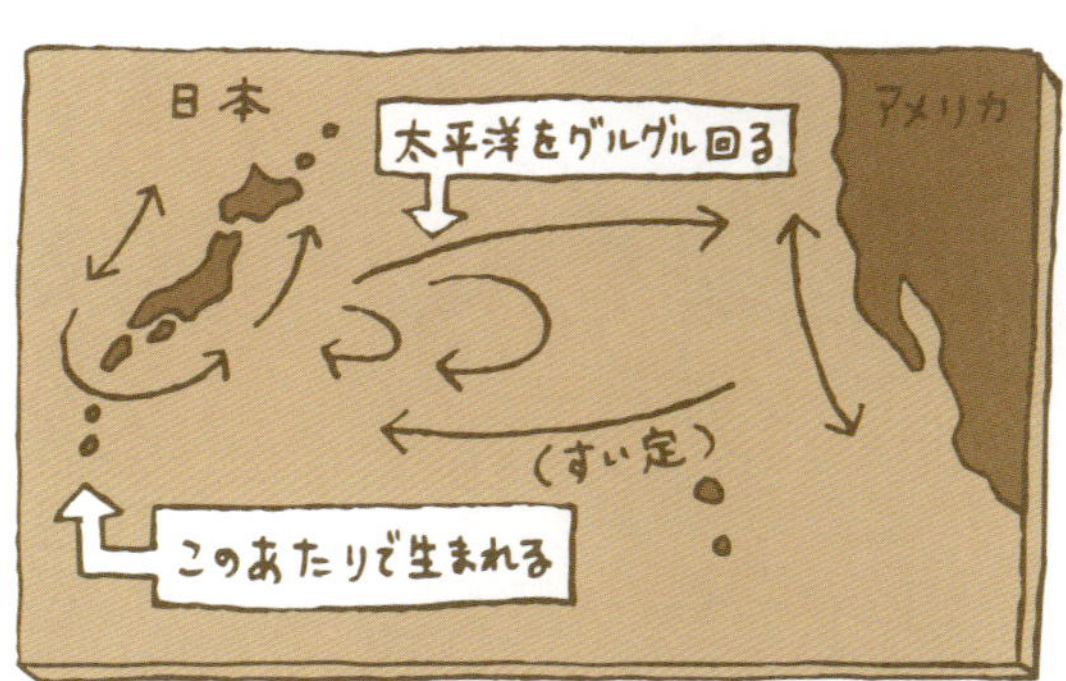

マグロは日本の南の海で生まれ、日本の近くを回ったり、太平洋を行ったり帰ったりしながら、10年かけて育ちます。泳ぎを止めると息ができなくなるため、一生泳ぎ続けます。

それだけ泳げるのは体に何かとくちょうが？

体の肉の色が**赤い**ってとこもポイントかな……

きん肉を動かすのに必要なのが、酸素。マグロのきん肉には酸素をためる成分が多いので長く泳げます。またきん肉のなかの鉄と酸素がむすびつくと赤くなるため、身が赤いのです。

マグロはずっと泳ぎ続けるためにきん肉が多く、体も引きしまっています。いっぽうで、冷たい深い海でも泳げるように、皮のすぐ内側にたくさんの「しぼう」をつけて体を守っています。これがトロです。

たっぷりの赤いきん肉のほかにもおいしさのひみつがあるようです！

それではごきげんよう～

白身魚はきん肉のなかの鉄分が少ないから色が白いよ！

マグロがおすしになるまで

マグロのおいしい食べ方のひとつに、にぎりずしがあります。にぎりずしがはじめてつくられたのは、約２００年前の江戸時代後半です。そのつくられ方を、いまとくらべてみましょう。

いま

半月から１年以上かけて遠い海で漁をするため、漁船には冷とう庫がついています。内ぞうをとりのぞいてこおらせます。

漁船で

マグロは海岸からはなれたところにいます。つり上げたマグロは、いたみにくくするため、漁船の上で内ぞうなどを取りのぞかれます。

港で

港にもどった船からマグロをおろし、市場へ運びます。

江戸時代

すぐには港にもどれない遠い海で漁をし、冷とうもできなかったので、エラなどをとっても、港にもどるまでにマグロは少しいたんでしまいました。

市場で

多くの店と取引する「仲買人」とよばれる人たちが、1本丸ごと買います。その後、切り分けられたマグロは、すし店やせん魚店などに売られます。

仲買人が「せり」というねだんを決める場で買ったマグロを、大きな包丁で切り分けて売ります。

商人を通して、すぐにそれぞれの店にとどけられます。いたんだ部分は店で切り落とし、のこりを客に売ります。

いたみやすいトロは人気がありませんでした。

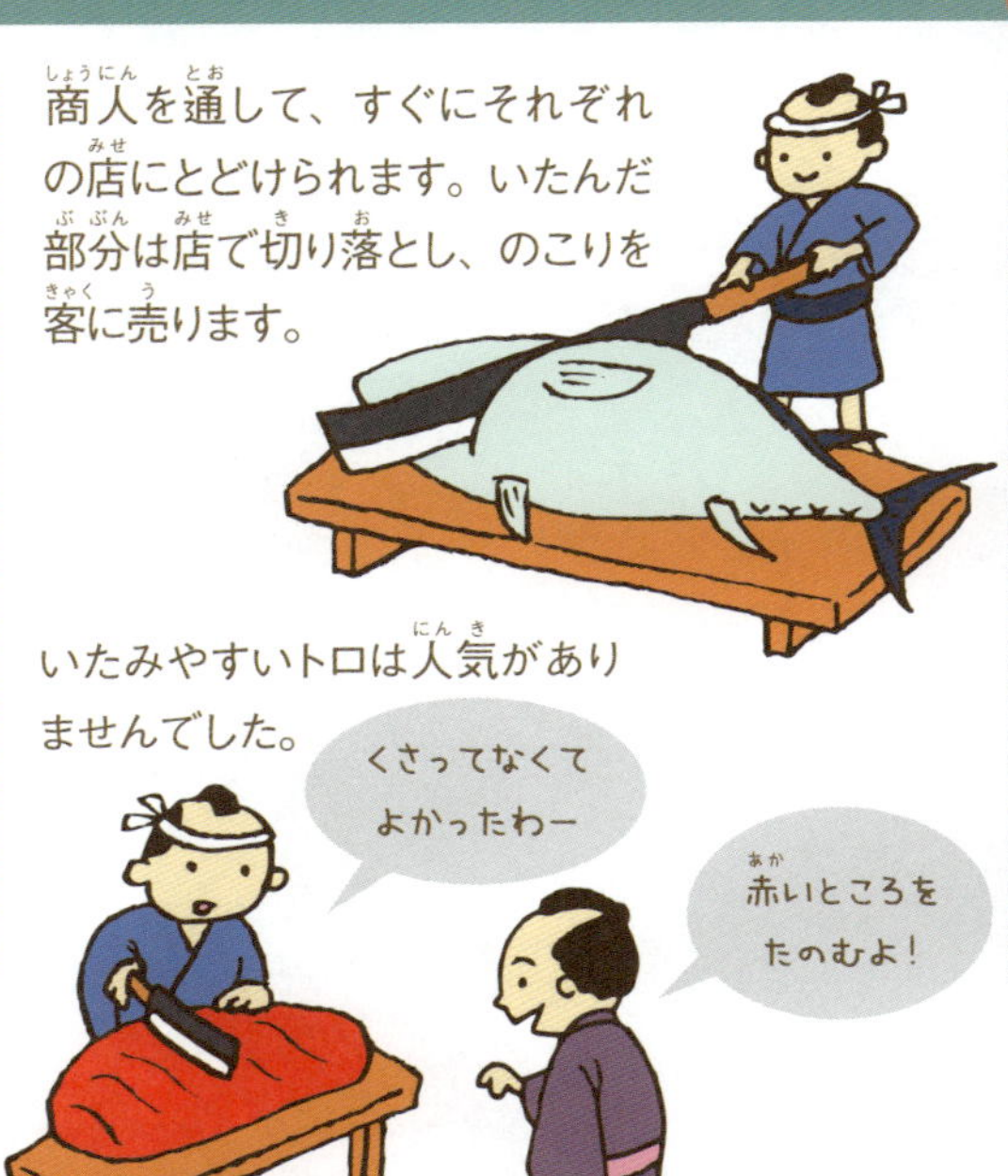

みんなのもとへ

きれいに切られたマグロは、にぎりずしとなり、みんなの口にとどけられます。

当時のマグロは安い魚の代表で、おすしも町の人が屋台で立ちながら手軽に食べるものでした。

人間はどれくらい深くまで海にもぐれるの？

人間が息を止めていられるのは、どんなに長くても4分くらいです。しかも海では、「水圧」という水の力もかかるので、そのままの体では5メートルまでしか、もぐれません。でも、じゅんびをすれば、もう少し深くもぐれます。

すもぐりだと、
1分くらいでも苦しいよ

プハッ

214m

体が
うかないように
おもりやロープを
使えば
酸素ボンベなどで
ここまで
行けるよ！

534m

機械で体をならし、
そうびをかんぺきに
すれば、ここまで
行けるんだ！

ヒト

200メートル以上もぐると、水圧で生身の体はおしつぶされます。また冷たい水温に体の熱をうばわれ、人間は死んでしまいます。

日本海溝
いちばん深くて
8058m

オサガメ 1186m

オサガメは、深くもぐっても体がつぶれないよう、カメなのに、こうらやほねがやわらかく、軽くなっています。

コウテイペンギン 564m

コウテイペンギンは、羽毛に空気を入れて、体温が下がりすぎないようにしています。

こんなに深くもぐれる動物たち

動物のなかには、水圧にたえられる体をもち、さらに深いところまでもぐれるものもいます。

マッコウクジラ 2992m

マッコウクジラは、はり出した頭のなかに水を入れて重くして、深くもぐります。うくときは水をぬきます。また、きん肉のなかに酸素をためこめるので、長くもぐっていられます。

せんすい船に乗れば、人間も7000メートルの深海までもぐれます。

マリアナ海溝
地球でもっとも深いところ10920m

海底をたんけんしよう！

海の底は、暗くてとても静かな世界。深くもぐればもぐるほど、やみも深くなっていきます。いまだ多くのなぞに包まれている海底のようすを、せんすい船に乗ってさぐってみましょう。

海中にもぐるときには、ここにある「バラストタンク」に水を注いで船体を重くし、海中にもぐりはじめます。海上にもどるときはおもりをおろします。

プロペラを回して船を少しずつ動かして、海底を調べます。

しんかい6500

海のなかを6500メートルまでもぐれる日本一のせんすい船。水圧に負けない、がんじょうなつくりになっています。乗船できるのは3人までで、海上にいる母船と無線でれんらくをとりながら、海底のようすを調べます。

深さ約200メートルまでの海底はゆるやかな坂が続いていますが、その先はいっきに深くなり、大きな山脈や大きなくぼ地などもあります。

むかしの地震でできた地面のわれ目

熱水がふき出すあな

あらしや戦争などでしずんだ船が見られることも。大むかしにしずんだ都市が見られることもあります。

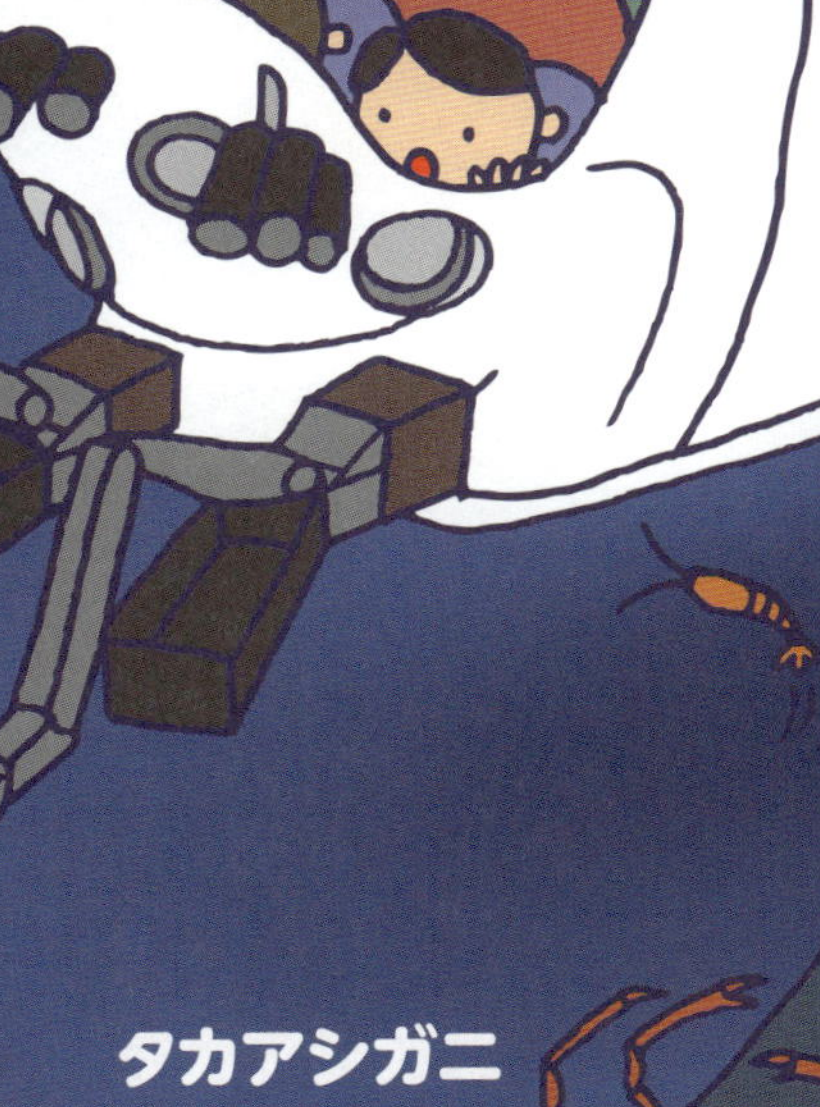

海底で見つけた岩石などは、「マニピュレータ」というアームでひろい、持ち帰ります。

タカアシガニ

ミツクリザメ

海底にはさまざまな生き物がくらしています。深い海の底では、めずらしい生き物に会うことができます。

海のふしぎ

深海生物ってどんなの？

海面から200メートル以下の深い海は、太陽の光もとどきません。水温もほぼ0度で生き物がすむにはきびしい場所。でも、数少ない生き物たちは、きびしいかんきょうに負けない体のつくりを手に入れ、力強く生きぬいています。それが「深海生物」です。

深海生物の特徴 1
水圧に負けない体

体のなかを水圧と同じ圧力にたもてます。浅いところにすむ魚がもつ「うきぶくろ」は、水圧でつぶれるのでもたず、かわりに体をうかせる「しぼう」が多くあります。

あんまり動きません

ダイオウグソクムシ

ホテイエソ

深海生物の特徴 2

体の色が黒や赤

敵やえさとなる生き物にきづかれないよう、体の色は暗い深海の色になじむ黒や赤が多くなっています。

ダイオウイカ

深海生物の特徴 3

体が光る

体の一部や全体を光らせてえさをさがします。まっ暗な深海ではほのかに光るだけで十分です。

ギンオビイカ

深海生物の特徴 4

口が大きい

生き物が少なく、なかなかえものがとれない深海。失敗しないよう、しっかりえものをとらえられる口になっています。

ラブカ

おおっ、とうめいだね！

深海生物の特徴 5

目がよく見えない

光のとどかない深海では、目はあまり役立たないので、ほとんど見えなくなっていたり、目がなかったりします。

デメニギス

深海生物のすごわざハンティング

食べ物の少ない深海では、生き物はおなかがすかないよう、むやみに動かずじっとしています。また、同じえさをねらうほかの生き物に負けないよう、えもののとり方も工夫しています。

食べられないように注意しながら、ゴールをめざそう！

① ナガヅエエソ

海底に立ったまま待つ。水の流れでまき上がるすなにまざっていた栄養分をモグモグ。

② オニイソメ

すなのなかにもぐって、顔だけ出し、えものが近づいたことをひげで感じたら、いきおいよくのびてパクッ！

③ オタマボヤ

体のまわりに、とうめいな「くだ」をまとい、水の流れをつくる。そこからプランクトンをすいこみ、モグモグ。

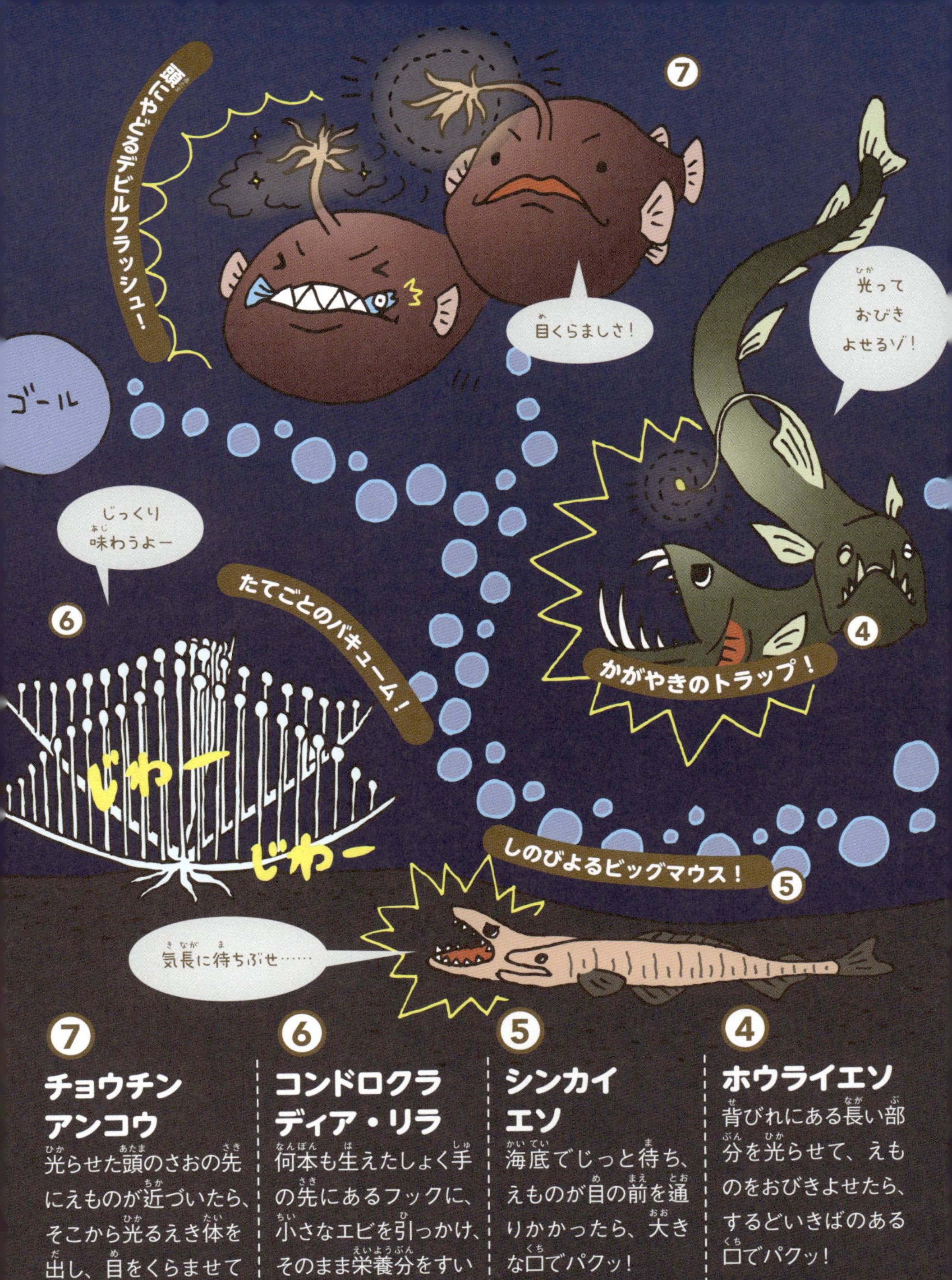

④ ホウライエソ

背びれにある長い部分を光らせて、えものをおびきよせたら、するどいきばのある口でパクッ！

⑤ シンカイエソ

海底でじっと待ち、えものが目の前を通りかかったら、大きな口でパクッ！

⑥ コンドロクラディア・リラ

何本も生えたしょく手の先にあるフックに、小さなエビを引っかけ、そのまま栄養分をすいとってモグモグ。

⑦ チョウチンアンコウ

光らせた頭のさおの先にえものが近づいたら、そこから光るえき体を出し、目をくらませてパクッ！

海はどうしてきれいなの？

まっ青にキラキラ光る海。夕日にそまる海。南の島の緑の海……。

海は場所や時間によって、さまざまな美しいすがたを見せてくれます。海を見るときれいで切なくなる、そんなことをいう人もいます。

海の水はとうめいです。でも、さしこむ太陽の光の角度や深さなどによって、目に見える色がちがってきます。つまり、海の美しい色は、太陽によって、つくりだされたものなのです。

海の青は太陽がつくる

太陽の光には、赤、オレンジ、黄、緑、青、あい色、むらさきの７つの色の光がふくまれています。これらすべての色が重なると、光は無色になるのです。太陽の光が海に入ると、海の水は青以外の色がすいとられて、青色をはね返します。だから海は青く見えるのです。

エメラルドグリーンの海

植物プランクトンという微生物がたくさんいる海。植物プランクトンは赤と青の光をすいとり、緑の光をはね返すので、この海の水は緑に見えるのです。

浅い海

ブルーの海

植物プランクトンが少ない海。水の深さによって、青の光がはね返るまでの時間がちがうので、青色のこさもかわります。

オレンジの海

夕方になると、青や緑などの色の光は空気中で散らばり、赤やオレンジの色の光がとどき、夕焼け空になります。海の水は本当は暗いのですが、夕焼けの空の色をうつすので、オレンジ色に見えます。

赤しお

ピンク色の植物プランクトンが大量に発生して赤や茶色にそまった海。海水の酸素がへって魚や貝などが死ぬきけんもあります。

考えてみよう

海岸がうめたてられてプランクトンを食べる生き物がへったり、下水からせんざいが流れて海水の成分がかわったりすると、赤しおは起こりやすくなります。きれいな海をたもつために、わたしたちは何ができるでしょうか。

魚を五感で調べよう！

日本人にとって、魚は親しみのある食べ物です。魚を手に入れて、さばき、体ぜんぶで魚を感じましょう。

用意するもの

- 魚のずかん
- 料理の本
- ノート　・筆記用具
- 包丁　・塩
- 調理器具
- 油性ペン、絵の具
- レポート用紙

1 魚を丸ごと1ぴき手に入れる

海や川に行ってつりをしたり、お店で買ったりして、魚を丸ごと1ぴき手に入れましょう。

手に入れた魚を、ずかんで調べてまとめます。

注意 つりをするときは、必ずおうちの人といっしょに行きましょう。

2 ウロコをとって魚をさばく

包丁を使って、ウロコ、内ぞうの順番でとり、塩水であらいます。

魚のさばき方は、魚の種類によってちがうので、料理の本で調べてからさばきましょう。

①包丁を上のように持ち、魚のおびれから頭へ向かって動かして、ウロコをこそげとります。

②包丁を上のように入れて、魚のはらをさきます。

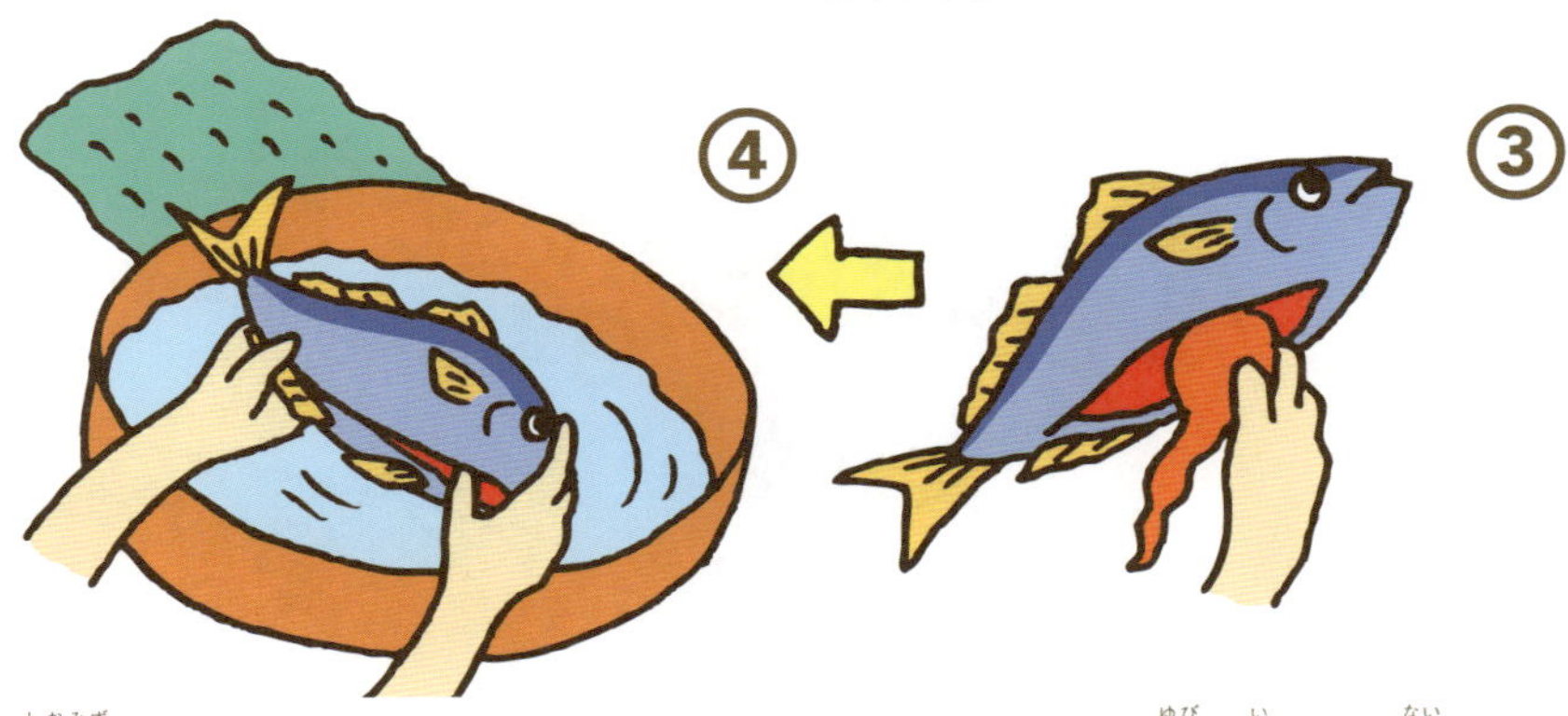

③さいたところに指を入れて、内ぞうをとりだします。

④塩水ではらのなかをよくあらったら、ペーパータオルで水気をふきとります。

注意 包丁を使うので、おうちの人といっしょに行いましょう。

できた！
アジの塩焼き！
いいにおい！
つやつや
ジジジ…

3 魚を料理して食べる

どんな料理にするか、本で調べたり、おうちの人に相談します。つくるものを決めたら、おうちの人といっしょにつくって食べましょう。

---

4 レポートにまとめる

魚を手に入れて、さばいて、料理して、食べるまでの流れをレポートにします。目、耳、鼻で感じたことや味、手ざわりの点から、魚について書きましょう。

魚を五感で調べよう！
3年1組 山田あつと

①魚を手に入れる
お父さんといっしょにつったばかりのアジは、少し生ぐさくてヌメヌメしていました。ピチピチとはねる音がしました。

②うろことって魚をさばく

もしものふしぎ

もしもの
ふしぎ

もしも海の水がサイダーみたいにあまかったら？

しょっぱい海の水が、サイダーのようにあまかったら、泳ぐのがもっと楽しくなりそうですよね。

では、じっさいに海がしゅわしゅわするサイダーでできていたら、どんなことが起こるのでしょうか。

なぜ海の水はしょっぱいの？

いまから約45億年前の地球には、熱いマグマの海があり、やがてマグマが冷えて雨がふると、陸地と海と大気ができました。このとき陸地をつくる岩石のなかには塩からさのもとになる成分がありました。雨風や地下水で岩石がとかされて、それらの成分が海にとけたので、海はしょっぱくなったのです。

ふつうの海水には酸素と塩がたくさん入っています。あまくてしゅわしゅわする海にするには、二酸化炭素とさとうがたくさん入ります。

植物がかれる

あまくてしゅわしゅわの海の水は土にしみこみ、植物の栄養分になります。さとうは、植物にとって栄養ばつぐんですが、あたえすぎると水分がうばわれ、かれてしまいます。

貝がらができない

二酸化炭素でしゅわしゅわする水では、ウニや、カキなどは貝がらがとけてしまい、育ちません。

息ができない

魚は、海水のなかの酸素をとりいれて息をするので、二酸化炭素が多い海水では死んでしまいます。

もしも海がさとうの多い水になっても、しばらくのあいだなら、生き物は死にません。なぜならさとうは、体を動かすエネルギーだからです。ただじっさいの海の水にふくまれている塩も、体の水分バランスをたもつために大切です。さとうも塩もないと、生き物は生きられませんが、こすぎたり多すぎたりするとどくになります。

とりすぎると、病気になっちゃうかも？

もしもの
ふしぎ

もしクジラが空を飛んだら？

大きなクジラの背中に乗って空が飛べたら、気もちよさそうですね。

でも、飛ぶというのは、そうかんたんではないようです。

でも、本当に飛ぶには……
えー!
冷える空では、あついしぼうよりも、体毛が必要です。
ムキ
約12m
ムキ
カモメさん、すきだ〜!
ムキ
ムキ
つばさをすばやく動かすためには、むねの筋肉の力が必要です。
飛ぶには体をできるだけ小さく軽くする必要があります。鳥は、ほねのなかが空どうですかすかです。
ええー!?
3分でもとにもどるよ!
もどってよかった!この体がいちばんだ!
こんなのクジラくんじゃない!!
ガーン
カモメさん……

もしもの
ふしぎ

もしも富士山がふん火したら？

富士山はいまでも生きている火山のひとつです。火山のふん火では、地下にたまったマグマが、われ目から地上へ急にふき出てきます。いわば地球のくしゃみ。いつ起きるかは、人にはわかりません。最後に富士山がふん火したのは約３００年前です。

こうした災害が、富士山の火口から約30キロメートルのあたりまで起きるといわれています。

火山ガス
ふん火によってふき出たガスは、どくをふくんでいる場合もあります。

溶岩流
どろどろにとけた高温のマグマがゆっくりと流れてきて、木々を焼き、家や道路はうまってしまいます。

火さい流
数百度にもなる岩のかけらや灰などが、時速数十キロのもうスピードで流れ落ちてきて、あたりを焼きつくします。

もしいま、ふん火したら、大きなえいきょうが出ると考えられています。

火山灰

ふん火でふき出た、2ミリメートルより小さなとがった岩石。風にのり、関東平野全体にふりつもり、もっとも大きなひがいを起こすといわれています。

富士山ふん火で東京はどうなる!?

気温が下がる!

火山灰に太陽の光がさえぎられて、気温が下がります。

電気や水道が止まる!

火山灰が機械に入りこむと発電所の機械がこわれて停電を起こしたり、自動車が動かなくなったりします。じょう水場に火山灰がふって、飲み水が使えなくなるきけんも!

火山灰が建物のなかに入らないように、窓をしめて、すき間にテープをはろう!

マスクとゴーグルでばっちり!

目や口がいたい!

火山灰が目や口に入ると、きずになります。

日本には活発な活動をしている火山がたくさんあります。小さなふん火が1か月に約100回もある鹿児島県の桜島では、灰よけのかさやマスクなどで火山灰たいさくをしています。

もしものふしぎ

もしも地球がぜんぶこおったら？

地球全体が氷でおおわれた時代はこれまでに3回あり、これから先も、同じようなことが起きるかもしれないといわれています。

こおった地球の平均気温はマイナス40度にもなるので、人はすった息で肺がこおるきけんもあります。寒い地いきにすむ動物なら、たえられるでしょうか。

こおった地球では……

いちばんあたたかい場所である赤道近くでもマイナス50度で、北極や南極だとマイナス90度にもなります。

海のほとんどは、1000メートルの深さまでこおります。

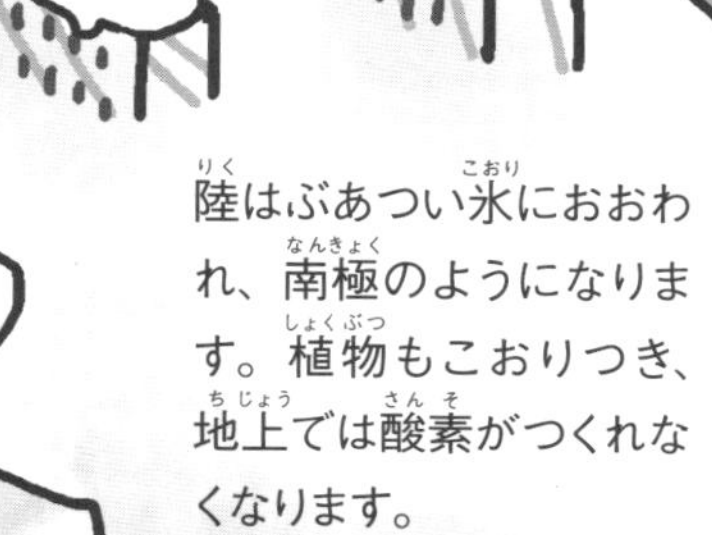

陸はぶあつい氷におおわれ、南極のようになります。植物もこおりつき、地上では酸素がつくれなくなります。

寒さにたえられる生き物

マイナス40度

北極付近の気温です。寒さに強い動物や植物はたえられるようです。

熱を集める花びら　あつい毛皮　あついしぼう

マイナス70度

南極ではありえる気温です。あつい毛皮や羽、しぼうのある動物は、なんとかたえています。

あついしぼう　あたたかい毛皮　あたたかい羽

マイナス90度

生き物は息をすうことができなくなる気温です。

こおっても、とかすと生き返る微生物がいます。

マイナス100度

ほとんどの生き物は死んでしまいます。

マイナス100度で人が生きのこるには

水中でこきゅうができるしくみと、体をあたためる毛が必要です。それに、自分でエネルギーや酸素をつくりだせれば、生きのこれるかも!?

大むかしのこおった地球では、生き物たちは海底の火山であたためられたところや、こおりが少しうすくなっているところで酸素とエネルギーをつくり、生きのこりました。

地球をほろぼす？ ４まいのカード

こおる以外にも、地球の生き物が死のきけんにさらされるじょうきょうは、じつはたくさんあります。
何が地球をほろぼす原因になるのでしょうか？
地球の運命をうらなってみましょう。

火山のろうそく

火山のふん火を意味する。ふん火による火山ガスや溶岩で、生き物や町はほろびる。

約6700～6500万年前にインドのデガン高原で起きたふん火で地球のすべての生き物がぜつめつのきけんにおちいりました。

いん石サイコロ

いん石が地球にぶつかることを意味する。いん石がぶつかると、ちりがまい上がり、太陽の光をさえぎるため寒くなる。

恐竜は約6600万年前のいん石で、ほろんだといわれています。

生き物がほろびることはあっても、地球がほろびることはなさそうですね。地球がほろぶとしたら、太陽が死ぬときです。約50億年後に太陽が死ぬとき、地球は太陽にのみこまれてしまうといわれます。

はかいのすな時計

人の手で、地球がこわされることを意味する。

人のせいで地球が死ぬことはありませんが、核戦争や自然をよごしていると、地球上の生き物のじゅみょうは短くなります。

太陽のコイン

太陽の活動が弱まることを意味する。太陽の活動が弱まると、寒くなり氷期がくる。

約４億4300万年前の氷期では、浅い海の生き物や地上の生き物がほろびました。

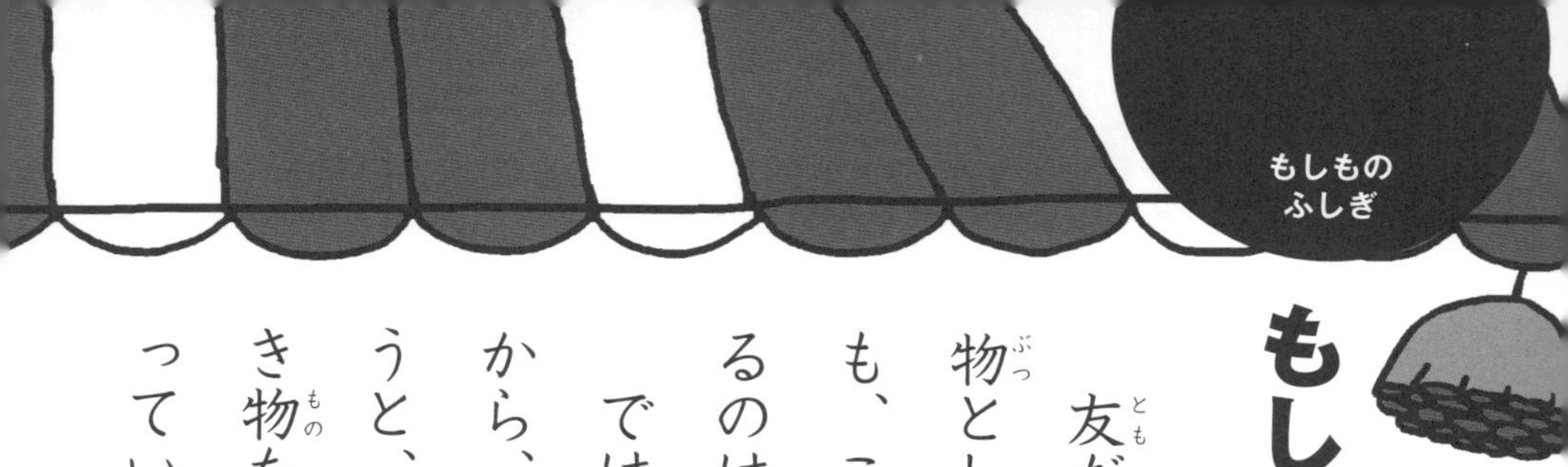

もしも虫や動物がしゃべれたら？

友だちとおしゃべりするように、動物としゃべれたら楽しそうですね。でも、ことばを使って気もちを伝えられるのは、人だけです。

では、虫や動物はことばを使えないから、気もちを伝えられないのかというと、そうではありません。ほかの生き物たちがどうやって気もちを伝えあっているか見てみましょう。

ミツバチ

えさのありかを覚えたハチは、巣にもどると円をえがくようにして飛び、なかまにえさの場所を知らせます。もし、人間のことばですべての虫が話せたら、ほかの虫や敵に聞かれてえさをうばわれたり、ねらわれたりするかもしれません。

WELCOME!
おしゃべりカフェ

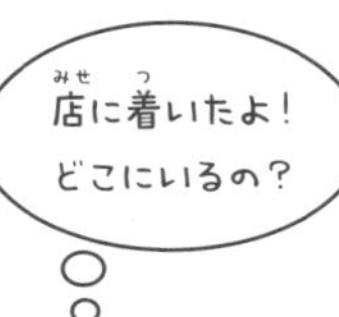

イルカ

超音波という人には聞こえない音を使って、なかまに自分の場所を知らせます。ほかの動物に気づかれることなく、遠くまでメッセージをとどけられます。

オオカミ

耳をピンと立てて歩きますが、自分より強いものの前では、耳をねかせてうずくまり、さからわないという気もちをあらわします。

ペンギン

オスは気にいったメスを見つけると、背のびするように体をのばしてアピールします。

ハチクイ

ハチクイという鳥のメスは、羽をはばたかせて、オスにえさをおねだりします。

ズキンアザラシ

鼻をふうせんのようにふくらまし、自分の強さをメスにアピールします。

ゴリラ

オスのゴリラはなかまを守るために、むねをたたきます。子どものゴリラは遊びにさそうときに、むねをたたきます。

ゾウ
長い鼻であいさつをします。相手のにおいをかいで、体のじょうたいをたしかめます。
元気にしてた？
こんにちは！

人間はことばでふくざつな社会をきずいてきました。

でも、ほかの生き物だって自分たちのあいだだけでわかるコミュニケーションをとって生きています。だから、しゃべれなくてもよいのかもしれません。

ことばはいらない？　気もちの伝え方

人はことばで気もちを伝えますが、しぐさだけでも気もちは伝わります。ふだんの生活で、あなたも知らないうちに気もちを伝えているかもしれません。

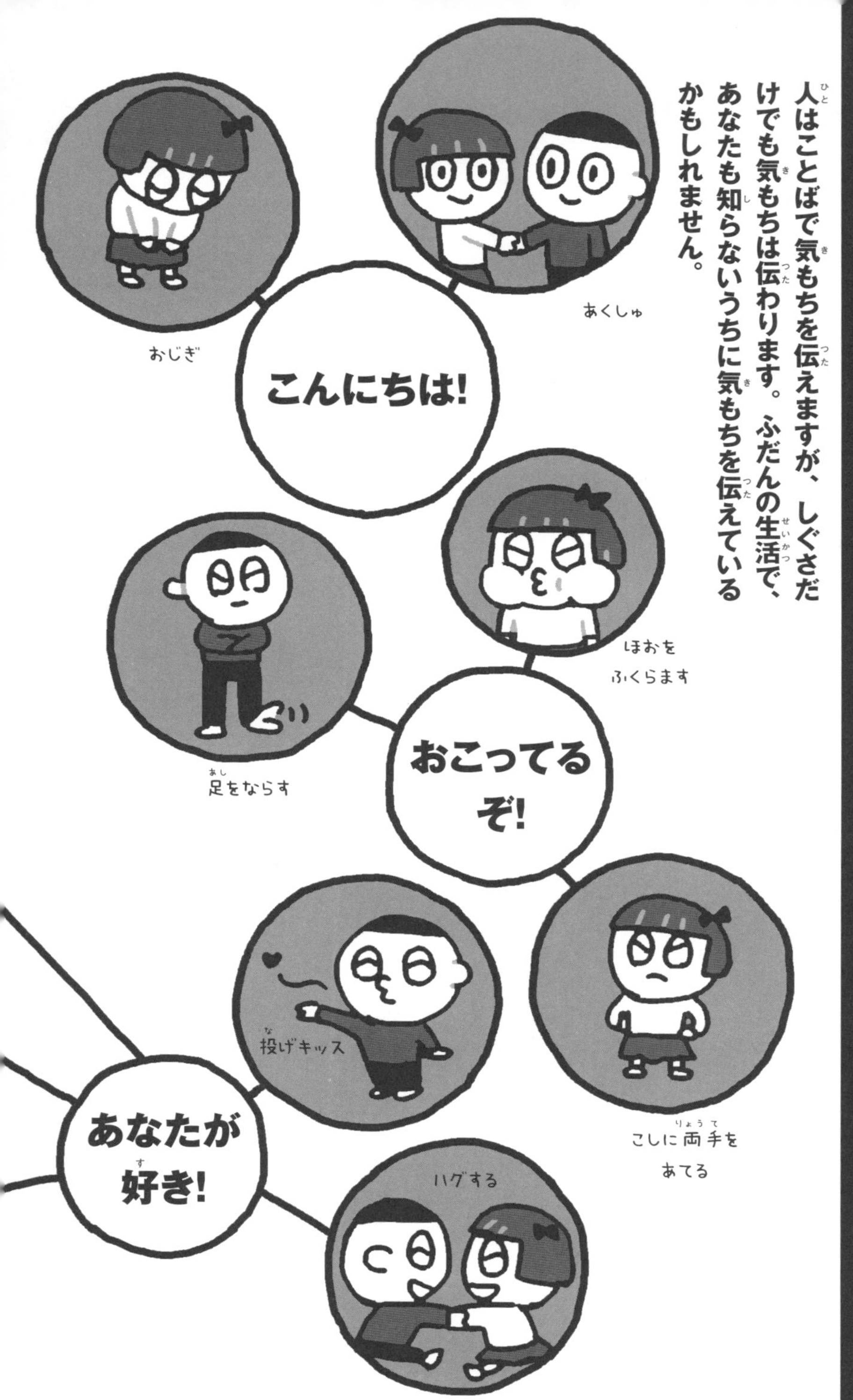

心をこめたしぐさは ことばのように伝わる！

たとえば悪いことをして、「ごめんなさい」と口で言っても、しぐさがおかしいとどうでしょう。人にとって、ことばはもちろん大切ですが、しぐさで多くのことや本当のことが伝わるときもあります。

もしものふしぎ

もしも地球からカビがいなくなったら、こまることってあるの？

食パンをおいたままにしておいて、カビが生えちゃった！　ということはありませんか？　カビは、食べ物だけでなく、布やかべなどにまで生えて、あらゆるものをくさらせます。しかも、人がカビをまちがってすうと、カビが体のなかに生えて病気になることもあります。

こんなやっかいなカビなんて、世の中からいなくなればいいと思うかもしれませんが、カビがいないと、とてもこまるという声もあります。

お知らせ

地球上に約3万種以上いるといわれるカビが、とつぜんいなくなりました。見かけた方、じょうほうをおもちの方は、地球けいさつ署まで。

こまってます①

落ち葉です。ミミズが、ぼくらを食べてだしたふんは、カビがいないとのこったまま。ひりょうになれないから、土がやせちゃう！

こまってます②

きずぐちから入るバイキンを殺す「こうせいぶっしつ」という薬です。ぼくは、カビからできているので、カビがいないとつくれません。

こまってます③

みそをつくっている工場の者です。みそをつくるためのカビがいないので、みそをつくることができなくなってしまいました。

ひどいこと言って
ごめんね

カビがいなくなるということは、わたしたちが食べている食品や使っているものもなくなるということです。地球にくらす生き物には、それぞれ役わりがあり、いなくてもいい生き物はいません。

もしものふしぎ

もしもバイキンよりも小さくなれたら？

地球でいちばん小さいものはなんでしょう？

みんなの手にもたくさんいるバイキンは、０・０１

①バイキンの大きさになると

きずぐちから入ると熱が出るバイキンのなかま、はしょうふうきん。この大きさは、約0.005ミリメートルほどです。

ミリメートルよりもずっとずっと小さいので、人間の目には見えません。

では、バイキンがいちばん小さいかというと、そうではありません。この地球にはもっと小さなものがたくさんあるのです。

小さくなって、その世界をのぞいてみましょう。

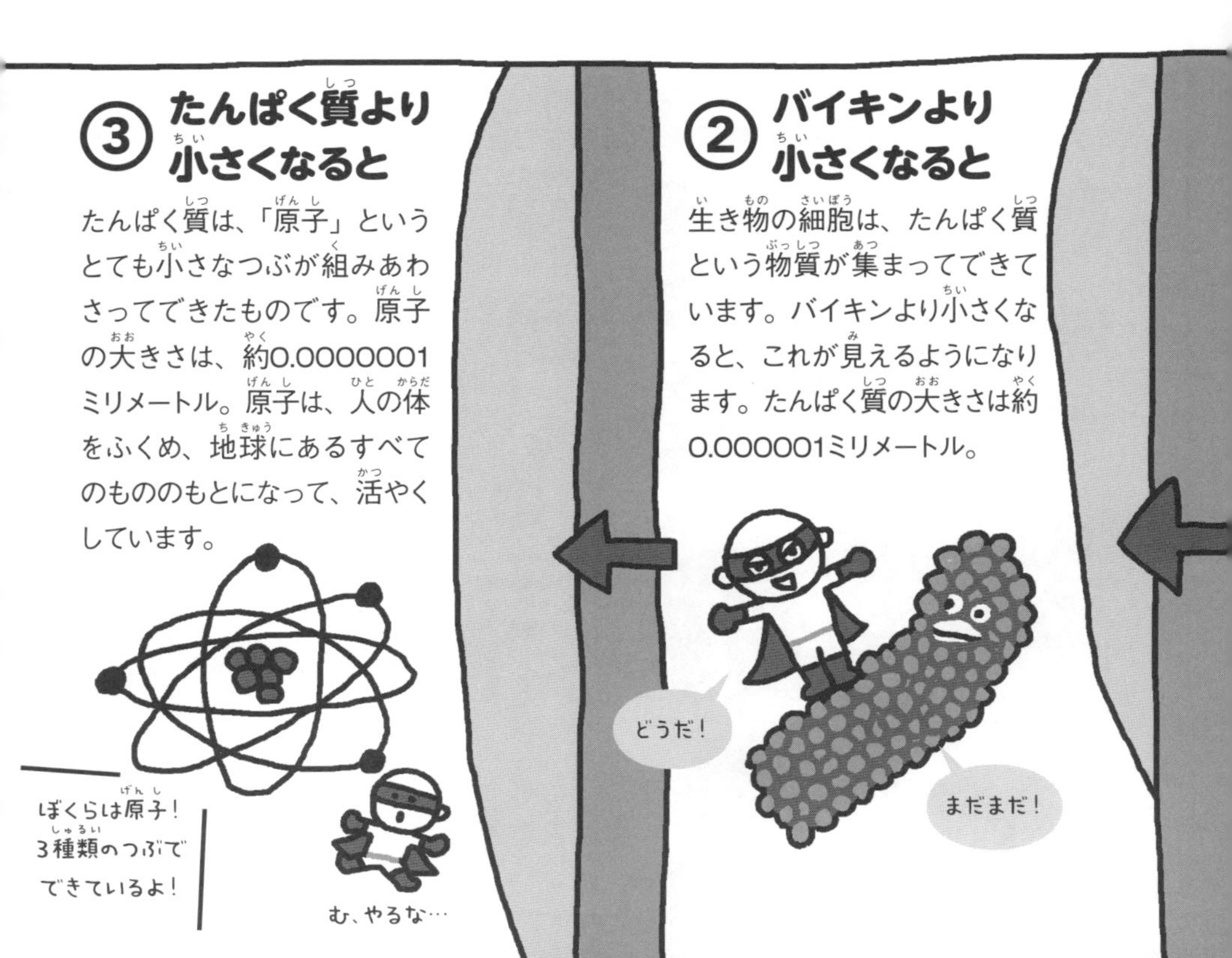

どうだ！
まだまだ！
ぼくらは原子！3種類のつぶでできているよ！
む、やるな…

② バイキンより小さくなると

生き物の細胞は、たんぱく質という物質が集まってできています。バイキンより小さくなると、これが見えるようになります。たんぱく質の大きさは約0.000001ミリメートル。

③ たんぱく質より小さくなると

たんぱく質は、「原子」というとても小さなつぶが組みあわさってできたものです。原子の大きさは、約0.0000001ミリメートル。原子は、人の体をふくめ、地球にあるすべてのもののもとになって、活やくしています。

もっと小さい！ そりゅうしの世界

原子をさらにくわしく見てみましょう！ あれ？ そこにはもっと小さい「つぶ」がうごめいているようです。原子より小さな世界をのぞいてみましょう。

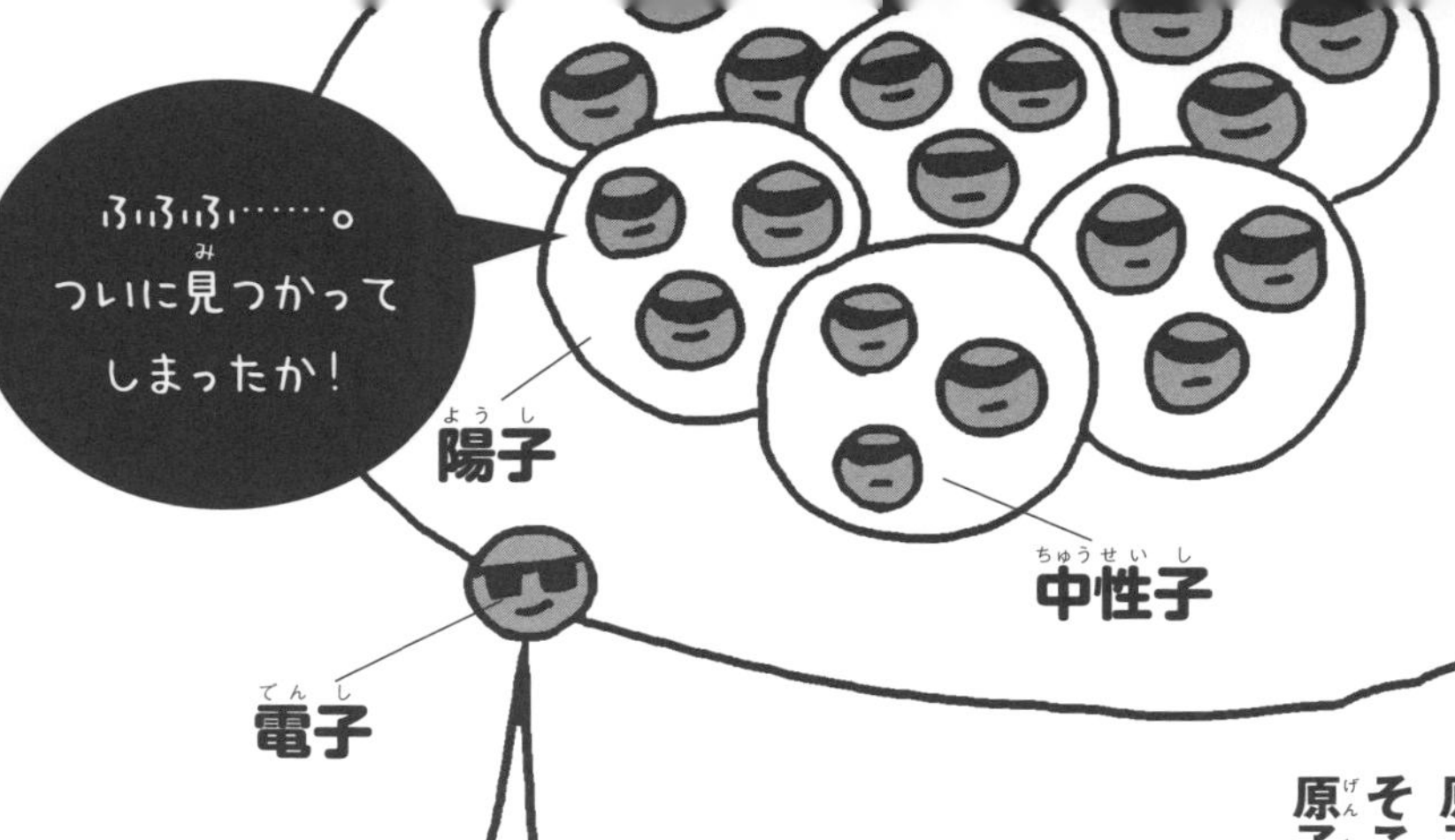

これがそりゅうしだ!!

原子をつくっている陽子や中性子のもとと、電子が、おれたちそりゅうしだ！　おれたちが地球上にあるすべての物質をつくっているのさ！　そりゅうしは、大きく3つのグループに分かれているぞ。

ゆうれいのような そりゅうし ニュートリノのすごさ

そりゅうしのうち、宇宙にたくさんあるといわれているのがニュートリノです。しかし、かれをつかまえるのは、とてもむずかしいこと。どんなそりゅうしなのでしょうか？

① 特技

なんでも通りぬけられる！　1秒間に660億こものおれたちが、人間の体を通りぬけているんだぜ！　よけるかこわすかしないと通れないなんて、人間は不便だな！

おまえら

かべがあるとダメ！

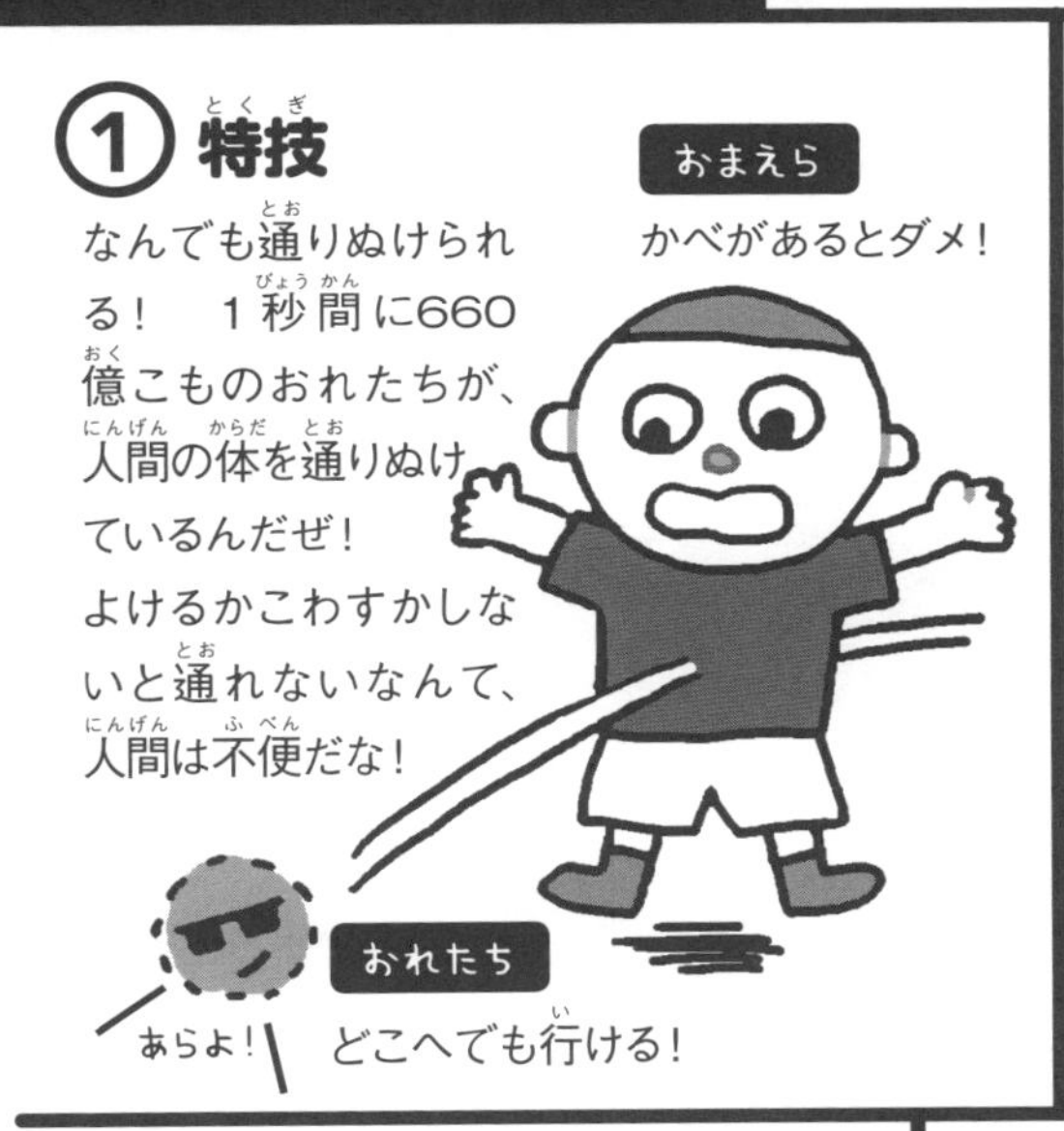

おれたち

どこへでも行ける！

② スタイル

どのそりゅうしも、はかれないぐらい小さいし軽いのだ。なかでもおれたちは、いちばん軽くて、ほぼ体重0。スマートだろ！

おれたち

ほぼ0グラム！

おまえら

ほぼ30キログラム！

③ 歴史

いまの人間の祖先が生まれてからたかだか15万年ぐらいしかたっていないけど、おれたちの歴史は約138億年！　宇宙ができたころにはすでにいたんだぜ！

おれたち

13800000000年

おまえら

150000年

④ はたらき

おれたちは、新しい星がたんじょうしたことや、宇宙ができたときのじょうほうを地球にとどけている！　ずっと動き続けているんだぜ！

おまえら

食べてねるだけ！

おれたち

休まずはたらく！

もしも新たな生き物が、地球を支配するようになったら？

これまで人間はことばを話して気もちを伝えたり、道具を使ったりして、生活をゆたかにしてきました。

いまの地球に、人間のような生き物はほかにいませんが、未来の地球には、人間と同じようにことばを話し、道具を使える新たな生き物が生まれるかもしれません。かれらがこの地球を支配するとしたら、４つの方法が考えられます。

人間が
あらわれた
どうする？

コマンド
▶たおす
食べる
つかう
なかよくする

①「たおす」をえらぶと

自分たちがおそわれないよう、人間をこうげきします。力を使って、人間に言うことを聞かせます。

②「食べる」をえらぶと

新たな生き物にとって、人間はおいしい食べ物になるかも。いつでも食べ物は手に入らないので、人間を育てて食べることにします。

③「つかう」をえらぶと

新たな生き物は、人間の手先の器用さを利用して、たいへんな仕事をやらせることにします。

④「なかよくする」をえらぶと

新たな生き物は、人間のことをすばらしいと感じ、いっしょに協力してくらします。

考えてみよう

じつは人間!?

支配ってどういうこと？

じつは、この新たな生き物が行ってきたことはすべて、人間がいままでにほかの生き物に行ったことでもあるのです。自分とちがう生き物とのくらし方について、ぜひ考えてみてください。

もしもの
ふしぎ

もしも地球が四角になったら？

地球は丸いのが当たり前です。なぜなら、宇宙に散らばっているちりなどが集まってボールのような形にまとまったものを地球とよんでいるからです。でももし、いまの地球がサイコロみたいに四角になったら、こんなことが起きてしまいます。

重力

地球が丸くてもサイコロのようでも、地球の中心に向かって引っぱられるので、立つところによって足元が急な坂になります。

空気のあるところはちょうどよい温度！

気温

地球は少しかたむいているので、太陽の光の当たり方が季節によってかわります。四角になるとそれがよりきょくたんになり、空気がおおわれていない部分は北極と南極がある面は、最高2度、最低マイナス118度ですが、それ以外の面は最高13度、最低マイナス20度です。

空気

丸い地球とサイコロの地球にある空気の量は同じですが、サイコロのほうがより広くなります。そのため、サイコロの地球全体を空気がおおいきれず、角のあたりでは空気がありません。

海

地球にあるすべての海は、北極や南極がないほうのひとつの面に集まり、レンズのようにもり上がります。その高さは、エベレスト山の30倍以上にもなります。

生物

ほどよい温度で空気があり、生き物がくらせる場所は、ほんのわずか。海から約60～80キロメートルのあいだだけです。

こんな
地球は
いやだ!

もしものふしぎ

もしも地球ぜんぶが、遊園地だったら？

くるくる回るコーヒーカップ、ちょっぴりこわいローラーコースター。遊園地は、みんなが笑顔になる、楽しい場所です。もしも地球がすべて遊園地になったら、おもしろいことが起こりそうですよね。

台風のコーヒーカップ

風と雲がものすごいスピードでうずまいています。

火山のローラーコースター

ふん火でふき出たマグマが流れます。

ジャングルステージ

生死をかけた生き物たちのさまざまなドラマがくり広げられています。

海のゴーカート

海の生き物は、海流の流れにのって世界中をゆっくりめぐります。

とっても楽しそうですね。でもこれは、いつもどおりの地球のすがたなのです。地球では毎日、わくわくドキドキする何かが起こっています。たくさんのなかまが、それぞれ楽しくすごしている、夢のような場所。それが地球という星なのです。

おうちの方へ

地球はわたしたち生き物に、生活環境をはじめ、資源や食料など、さまざまなめぐみをあたえてくれています。いま生きているわたしたちは、地球から当たり前のようにそれらのめぐみを受け取っています。でも、地球があたえてくれるめぐみは、じつは当たり前のものではないのです。たくさんの偶然が積み重なることで、地球は誕生し、生き物が生まれ、いまの地球の環境ができました。子どもたちには、いまの地球は偶然が積み重なってできた奇跡の星なんだということに、気づいてもらいたいと思っています。

そこでこの本では、地球で起こる現象や、地球で暮らしている生き物に関する「なぜ？」や、「もしも地球がこうだったらどうなるだろう」という「もしもの地球」に関する問いに答えています。また、この本では、地球に関するさまざまな「なぜ？」に答えていますが、地球について、まだわかっていないことのほうが多いということも紹介しています。新しいことを知ったり理解したりすることは、とてもわくわくすること。だから、この本で、「地球はまだまだわからないことばかりで、わくわくがつまっていること」も子どもたちに感じてもらいたいです。

子どもも大人も、未知のものやふしぎなものに出あうと、とてもわくわくします。この本を子どもさんといっしょに読んで、親子でわくわくしてもらえることを願っています。

神奈川県立生命の星・地球博物館名誉館長　理学博士
斎藤　靖二

参考文献

『ポプラディア大図鑑　WONDA地球』ポプラ社
『岩波ジュニア科学講座⑧変動する地球』岩波書店
『地球のしくみ―入門ビジュアルサイエンス』日本実業出版社
『理科年表　平成26年』丸善出版
『137億年の物語　宇宙が始まってから今日までの全歴史』文藝春秋
『生命　最初の30億年―地球に刻まれた進化の足跡』紀伊國屋書店
『生命40億年全史』草思社
『地球のかたちを哲学する』西村書店
『暗闇の生きもの摩訶ふしぎ図鑑』保育社
『洞くつの世界大探検』PHP研究所
『登山の誕生』中央公論新社
『10代のための古典名句名言』岩波書店
『極限生物摩訶ふしぎ図鑑』保育社
『密着！　動物たちの24時間　サバンナの水場編』汐文社
『世界の砂図鑑』誠文堂新光社
『ポプラディア情報館14　天気と気象』ポプラ社
『マグロの大研究』PHP研究所
『深海魚摩訶ふしぎ図鑑』保育社
『料理図鑑『生きる底力』をつけよう』福音館書店
『世界の住まい大図鑑』PHP研究所
『鯨　ビジュアル博物館』同朋舎出版
『動物生態大図鑑』東京書籍
『ゾウの鼻はなぜ長い』講談社
『IUCNレッドリスト』国際自然保護連合

参考URL・協力

『Cubic Earth ～もしも地球が立方体だったら～』公益財団法人日本科学協会
『しんかい6500』海洋研究開発機構（JAMSTEC）

監修者
斎藤靖二　さいとう やすじ

理学博士。神奈川県立生命の星・地球博物館名誉館長。国立科学博物館名誉館員・名誉研究員。公益財団法人日本博物館協会理事。一般財団法人全国科学博物館振興財団評議員。1965年から国立科学博物館に研究員として勤務し、2004年に地学研究部長で退官。日本地質学会会長、日本学術会議連携会員、日本地球掘削科学コンソーシアム会長などを務め、2006年から2013年まで神奈川県立生命の星・地球博物館長として、地球科学の普及教育につくす。
〈著書・監修書〉
『ポプラディア大図鑑WONDA地球』（ポプラ社）監修
『新版 日本列島の20億年ー景観50選』（岩波書店）共著
『日本列島の生い立ちを読む 新版ワイド版 自然景観の読み方』（岩波書店）
『日本列島の自然史 国立科学博物館叢書４』（東海大学出版会）分担執筆
『かわらの小石の図鑑ー日本列島の生い立ちを考える』（東海大学出版会）共著
『日本の堆積岩』（岩波書店）共著
『岩波ジュニア科学講座⑧ 変動する地球』（岩波書店）共著

地球のふしぎ　なぜ？ どうして？

監修者　斎藤靖二
発行者　高橋秀雄
編集者　外岩戸春香
発行所　**株式会社 高橋書店**
〒170-6014 東京都豊島区東池袋3-1-1 サンシャイン60 14階
電話　03-5957-7103

ISBN978-4-471-10350-7　©TAKAHASHI SHOTEN　Printed in Japan

定価はカバーに表示してあります。

本書および本書の付属物の内容を許可なく転載することを禁じます。また、本書および付属物の無断複写（コピー、スキャン、デジタル化等）、複製物の譲渡および配信は著作権法上での例外を除き禁止されています。


本書の内容についてのご質問は「書名、質問事項（ページ、内容）、お客様のご連絡先」を明記のうえ、郵送、FAX、ホームページお問い合わせフォームから小社へお送りください。

回答にはお時間をいただく場合がございます。また、電話によるお問い合わせ、本書の内容を超えたご質問にはお答えできませんので、ご了承ください。本書に関する正誤等の情報は、小社ホームページもご参照ください。

【内容についての問い合わせ先】
書　面　〒170-6014 東京都豊島区東池袋3-1-1 サンシャイン60 14階　高橋書店編集部
ＦＡＸ　03-5957-7079
メール　小社ホームページお問い合わせフォームから　(https://www.takahashishoten.co.jp/)

【不良品についての問い合わせ先】

ページの順序間違い・抜けなど物理的欠陥がございましたら、電話03-5957-7076へお問い合わせください。

ただし、古書店等で購入・入手された商品の交換には一切応じられません。